琉球列島Map
屋久島
奄美大島
沖縄島
与那国島
石垣島
グァム島
オーストラリア

【口絵 1】

日本最大のテントウムシ
オオテントウ

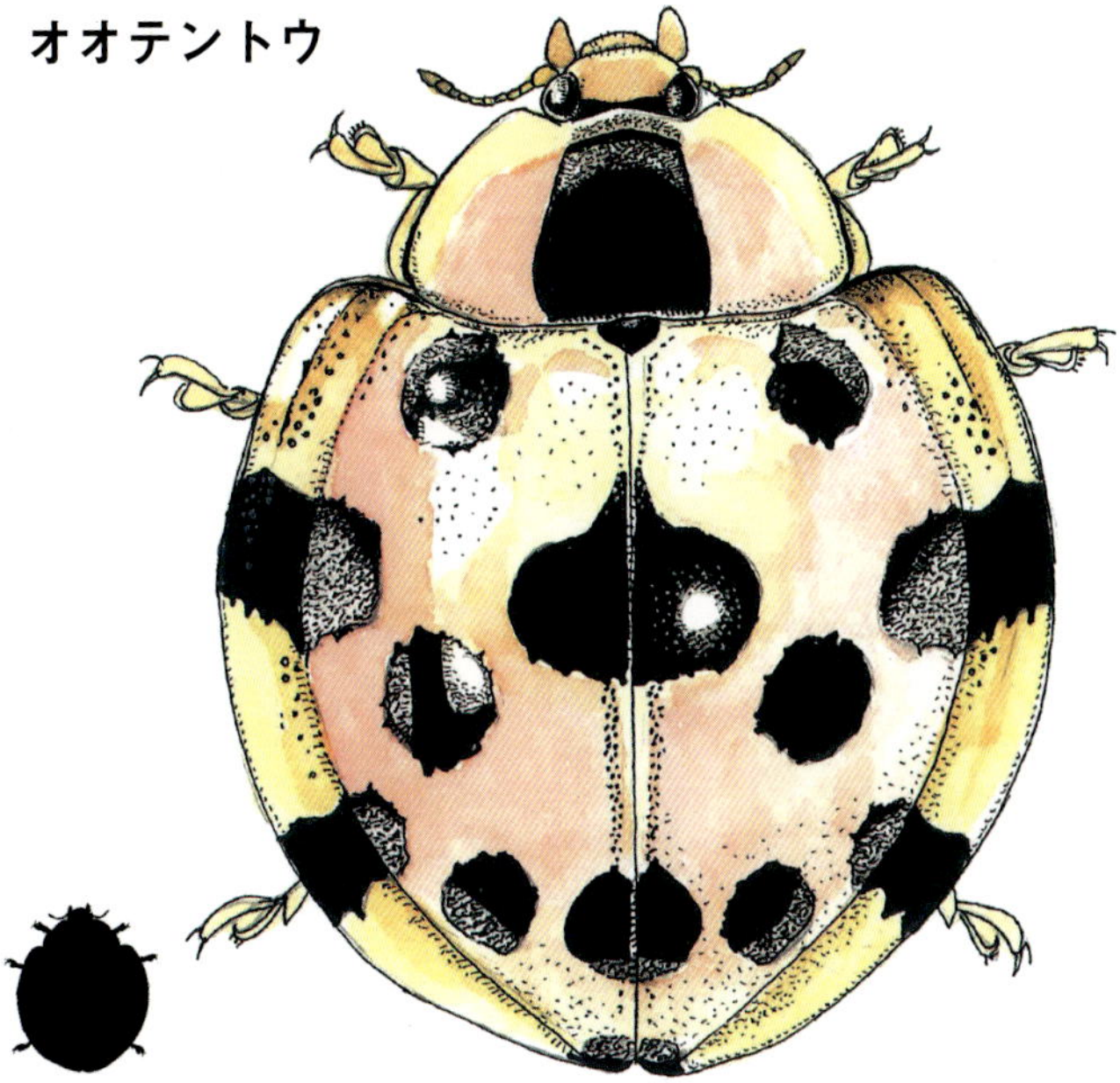

実寸（12mm）

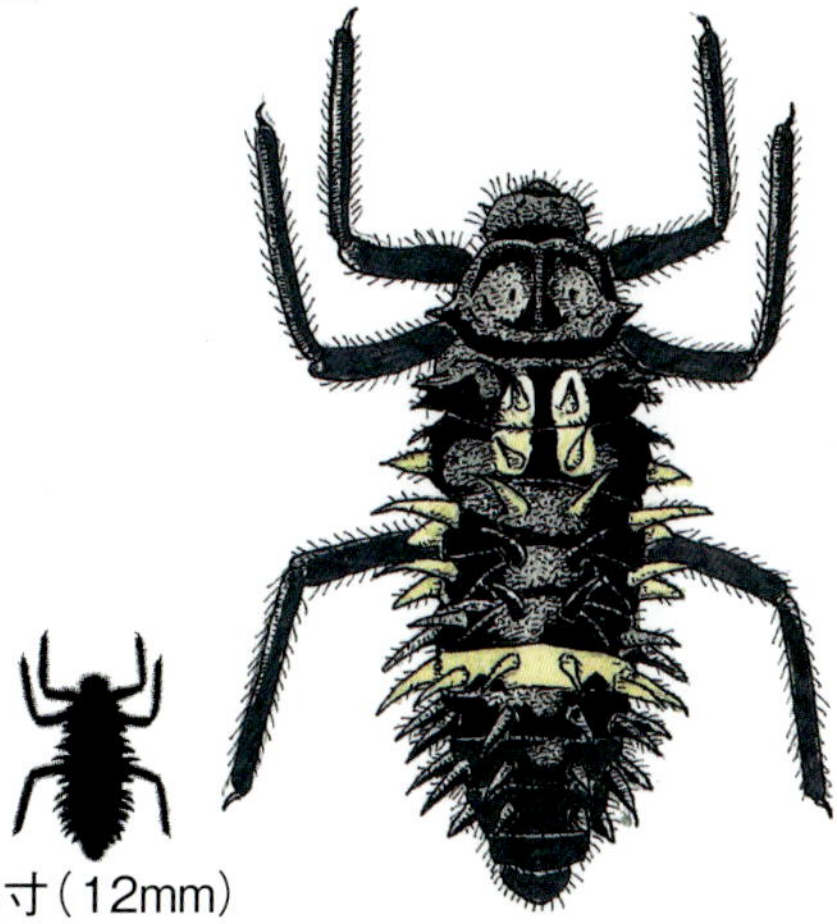

実寸（12mm）

【口絵2】

日本でもっともよく見られるテントウムシ
ナミテントウ

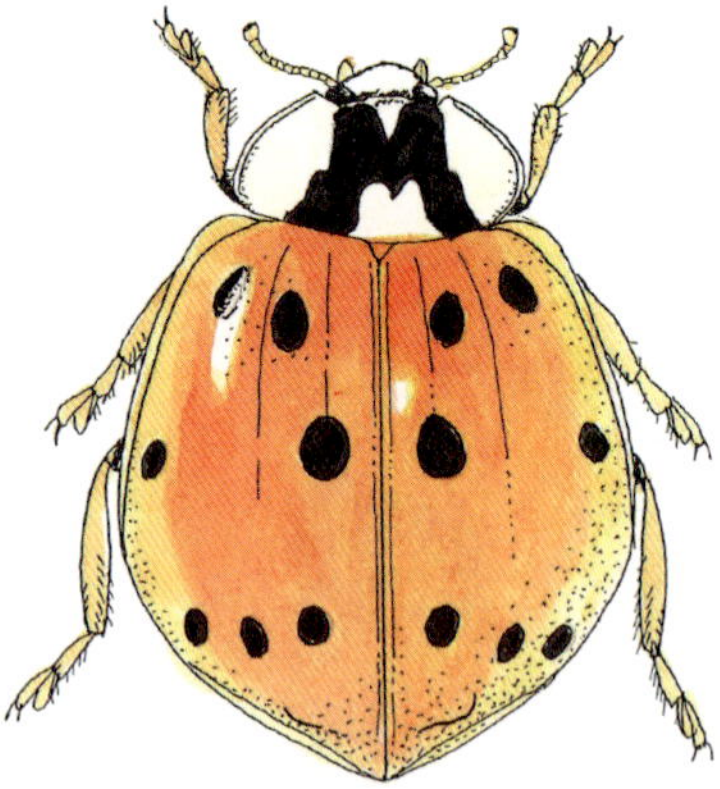

紅型

マダラ型

実寸（7.5mm）

四紋型

二紋型

ナミテントウの斑紋（ホシ）はおもに4タイプに分けられる。

【口絵 3】

ナミテントウと間違えやすい
クリサキテントウ

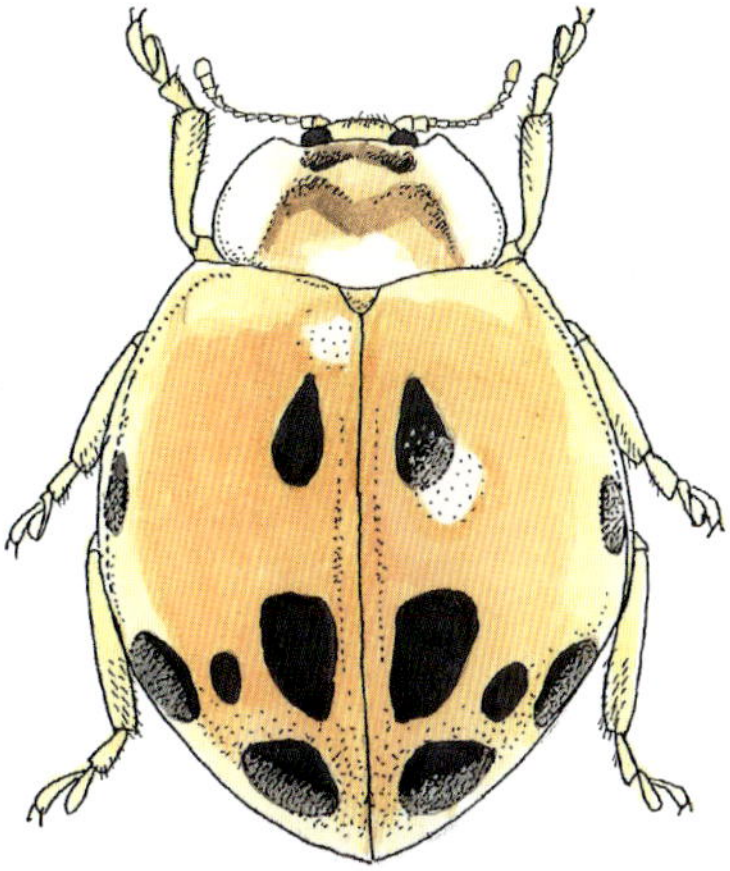

沖縄島産

実寸（7.5mm）

東京産

屋久島産

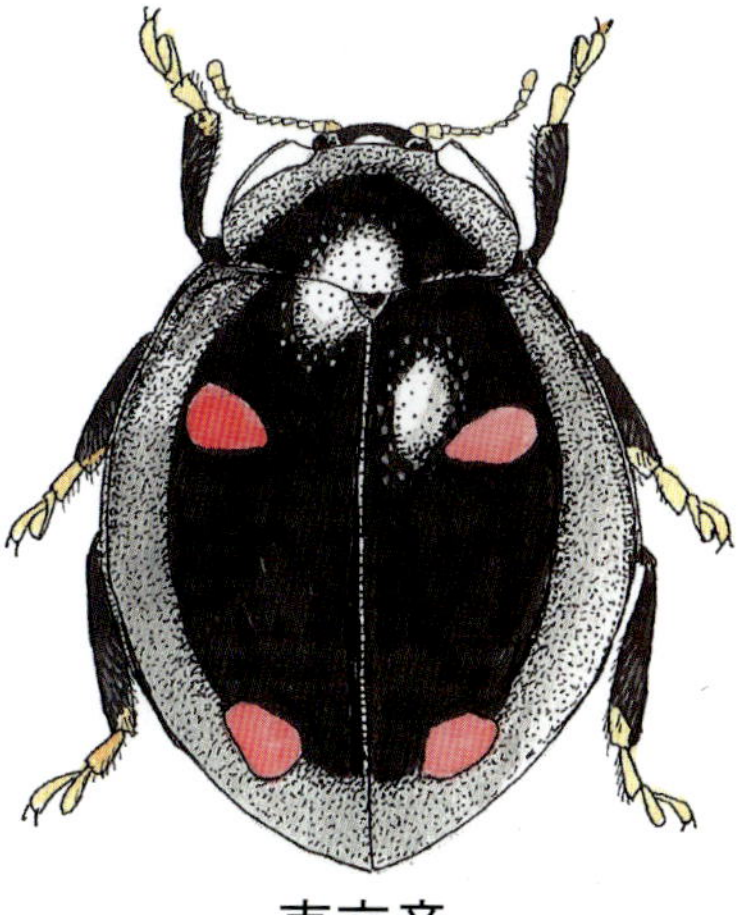

東京産

クリサキテントウはナミテントウにとてもよく似ている。

東京産

東京産

実寸（5.5mm）

大阪産

大阪産

屋久島産

屋久島産

東京産は黒っぽく、南にいくほど赤っぽくなる。

【口絵 4】

地域によって異なる斑紋を持つ
ダンダラテントウ

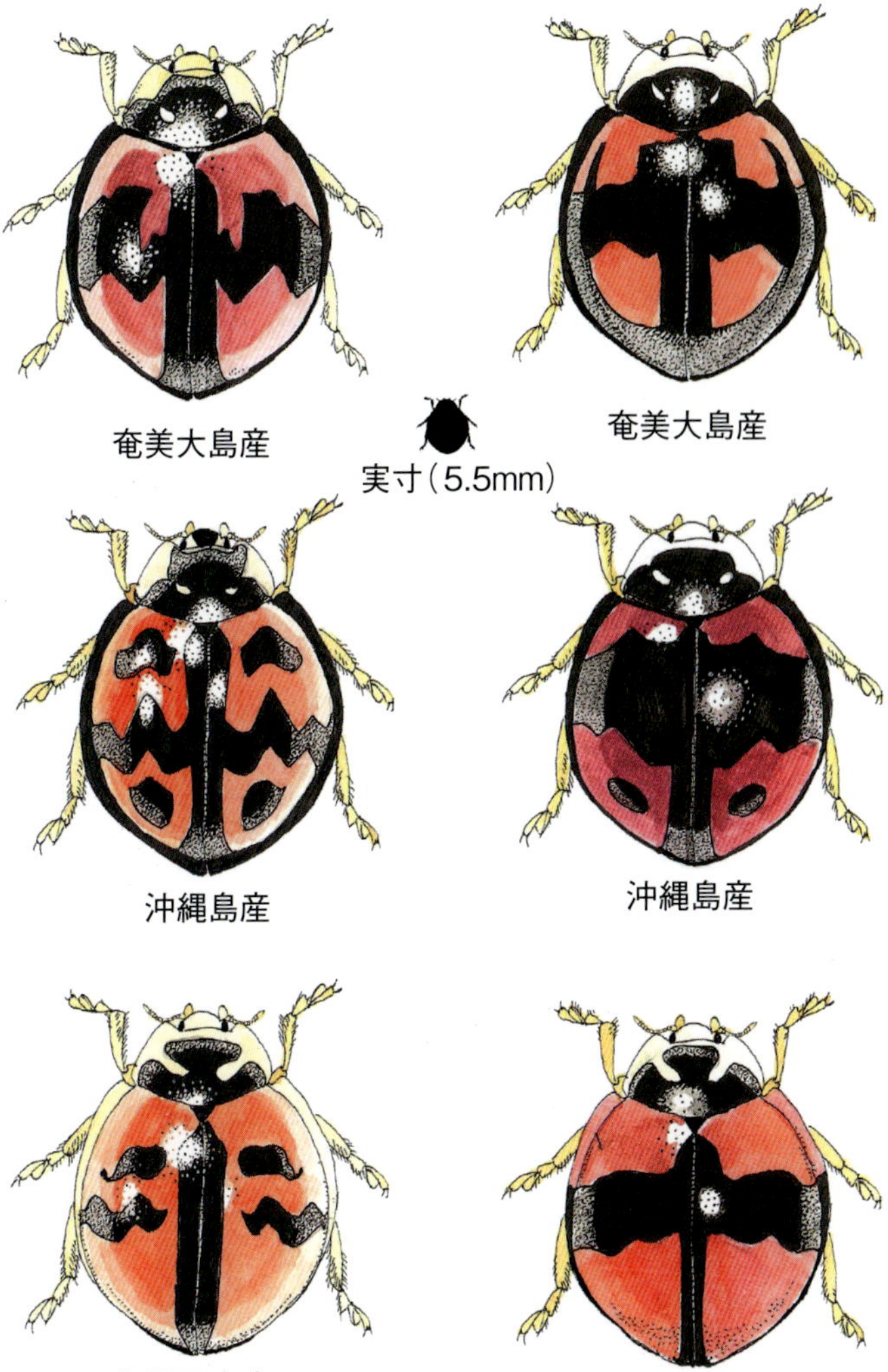

【口絵 5】

大型のテントウムシ

実寸（11mm）

カメノコテントウ

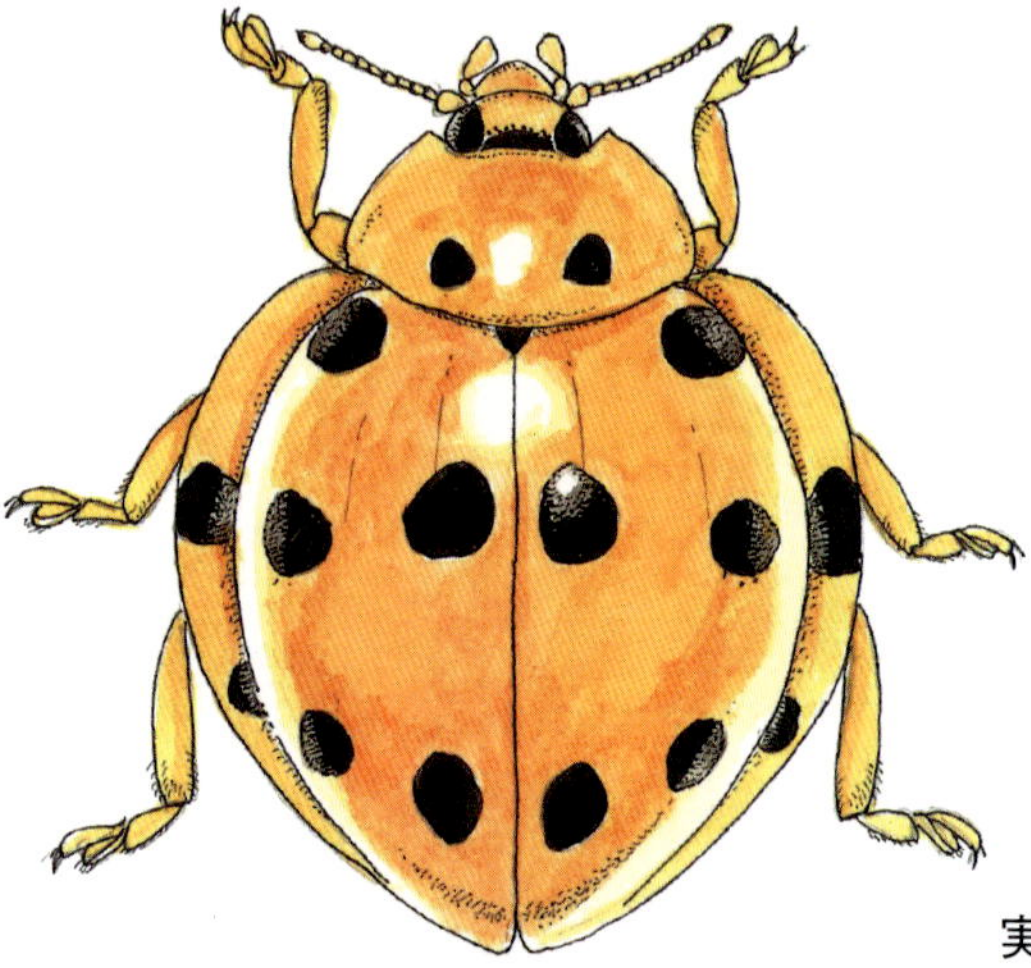

実寸（11mm）

ハラグロオオテントウ

【口絵 6】

外来のテントウムシ
フタモンテントウ

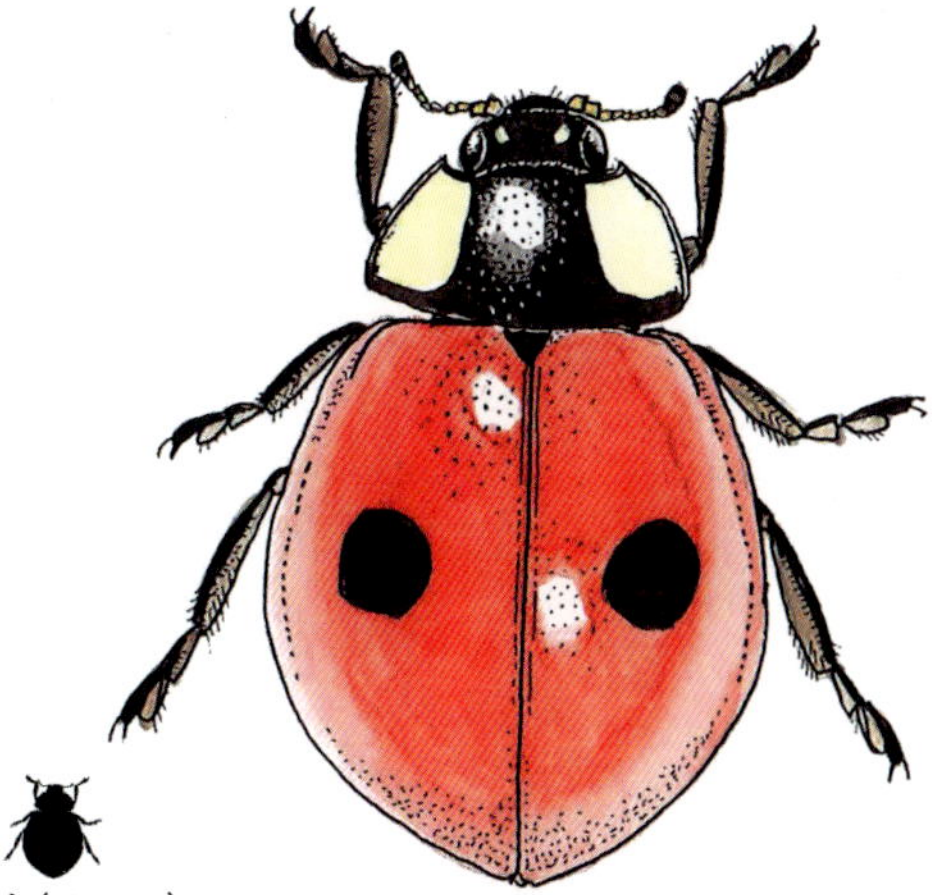

実寸（6mm）

成虫

実寸（5mm）

サナギ

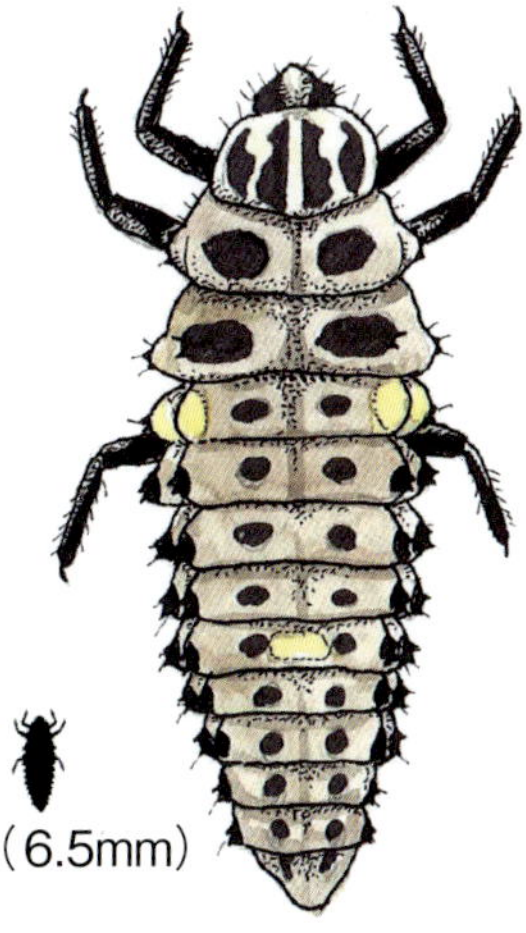

実寸（6.5mm）

幼虫

アイヌテントウ

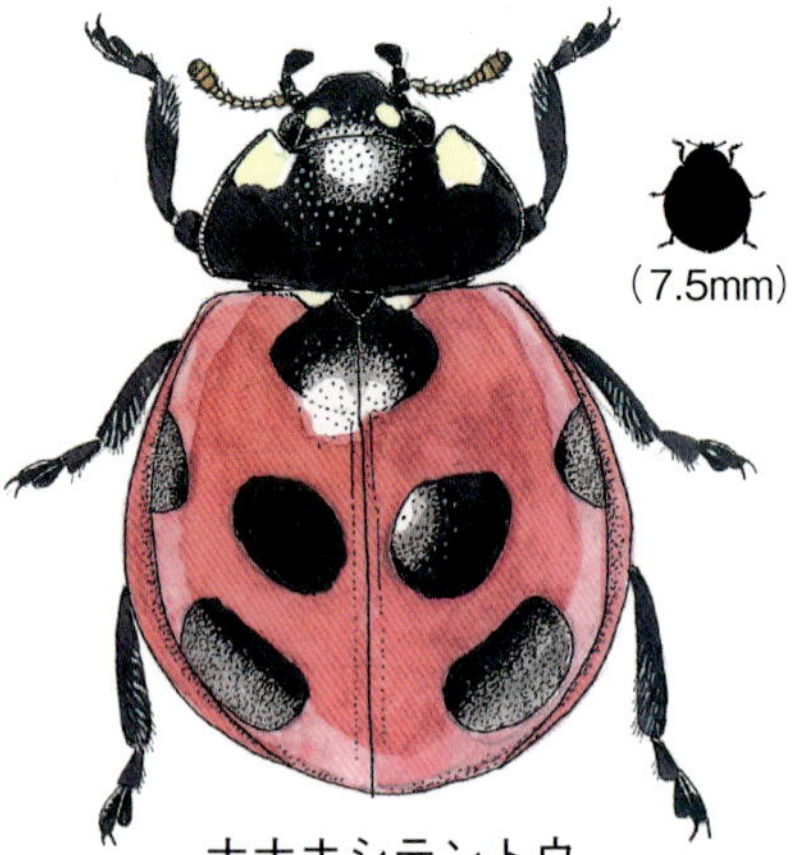

ナナホシテントウ

トホシテントウ

ヒメカメノコテントウ

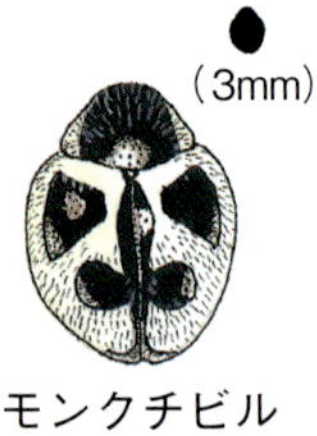

モンクチビル
テントウ

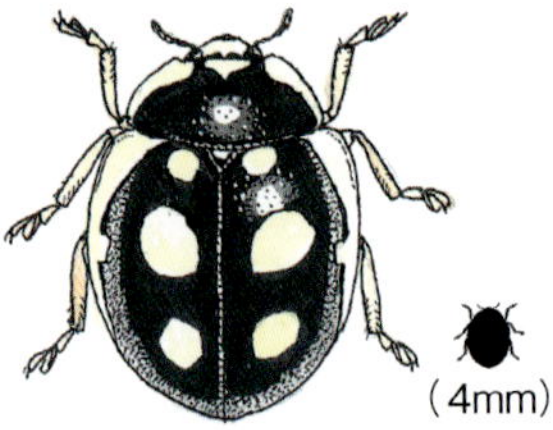

ムツキボシテントウ

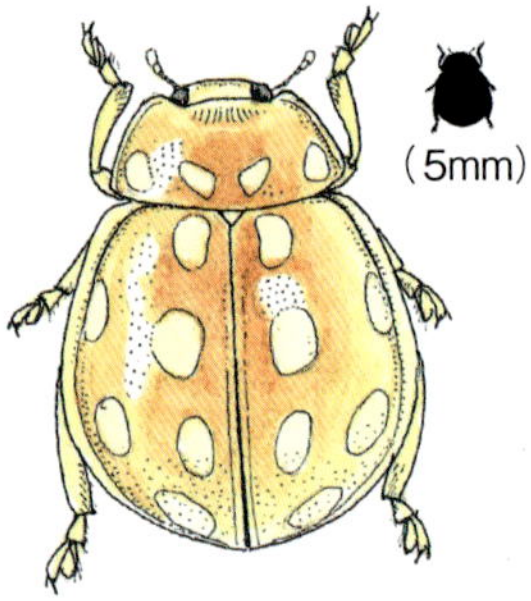

ムーアシロホシテントウ

※長さ(mm)はすべて実寸サイズ。

【口絵 7】
日本のテントウムシ

(7mm)
オオフタホシテントウ

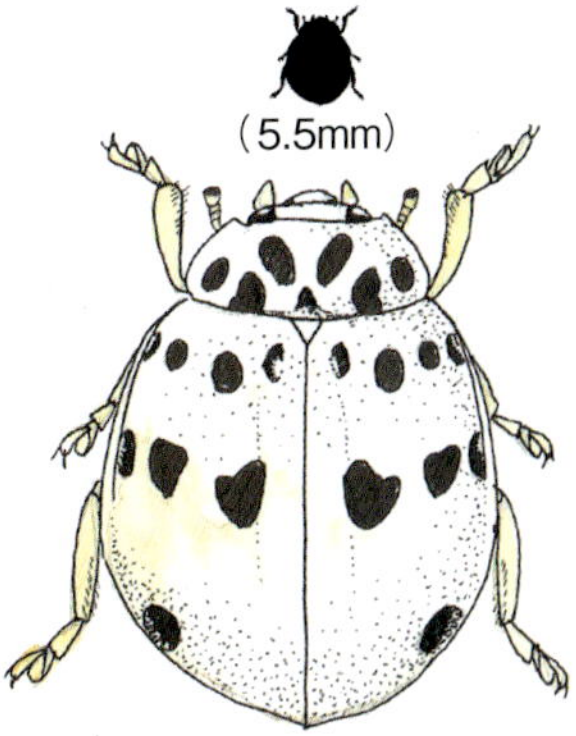
(5.5mm)
ハイイロテントウ

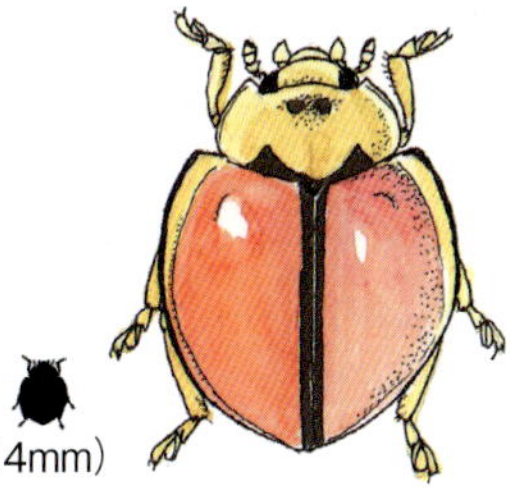
(4mm)
チャイロテントウ

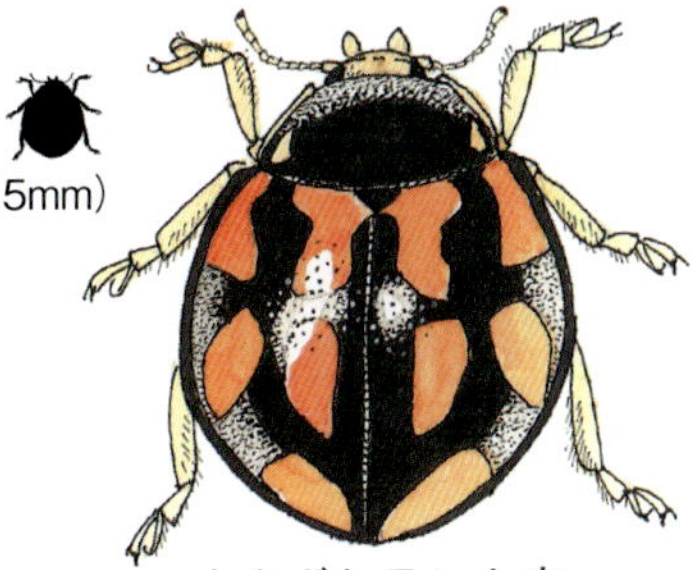
(5mm)
カタボシテントウ

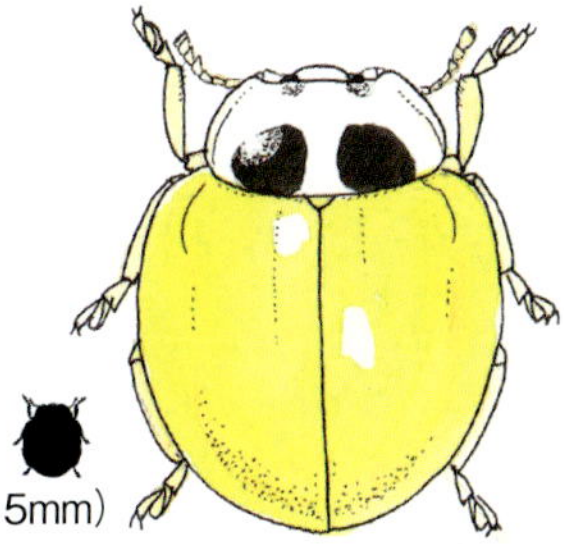
(5mm)
キイロテントウ

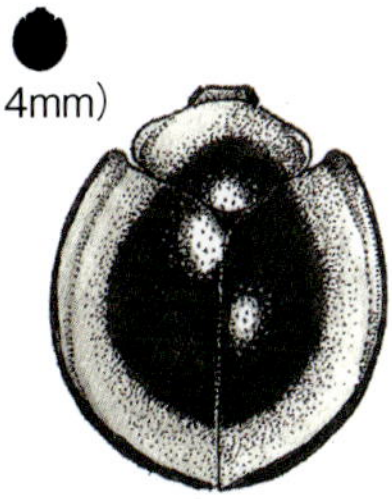
(4mm)
チュウジョウテントウ

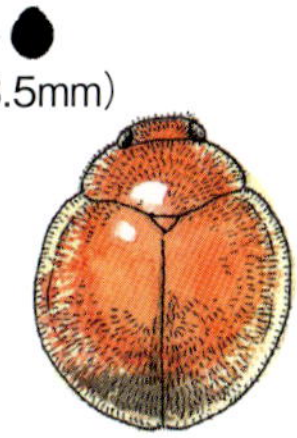
(3.5mm)
ダイダイテントウ

f,g：ニュージーランド産
h,i：ケニア産　j,k：台湾産

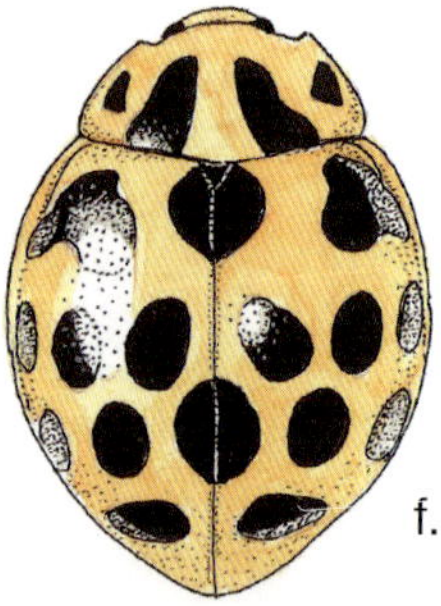

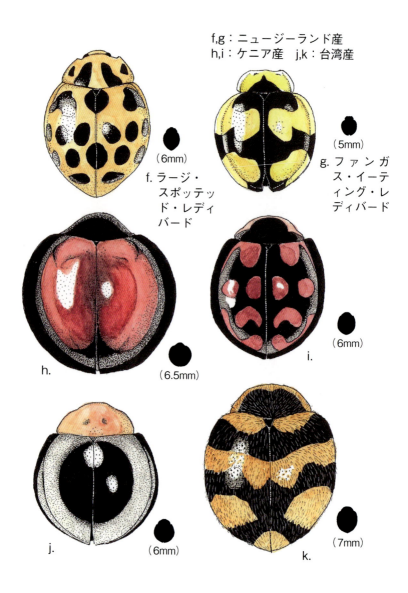

（6mm）

f. ラージ・スポッテッド・レディバード

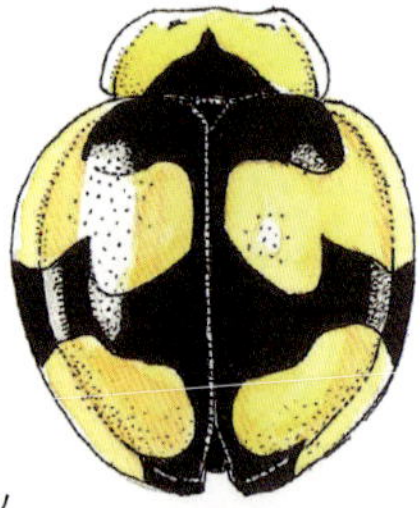

（5mm）

g. ファンガス・イーティング・レディバード

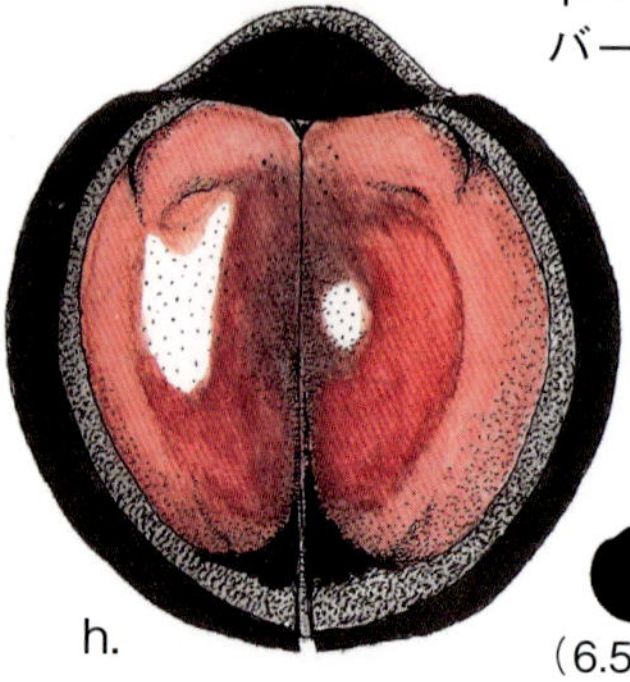

h.

（6.5mm）

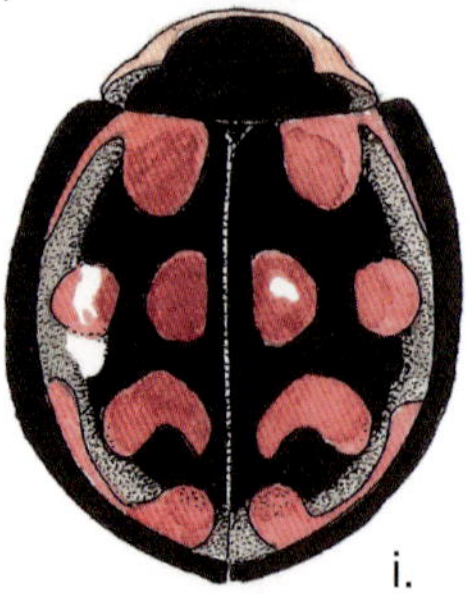

i.

（6mm）

j.

（6mm）

k.

（7mm）

※長さ（mm）はすべて実寸サイズ。

【口絵 8】

外国のテントウムシ

a～e：ハワイ産
※アルファベットのみのものは種名不明。

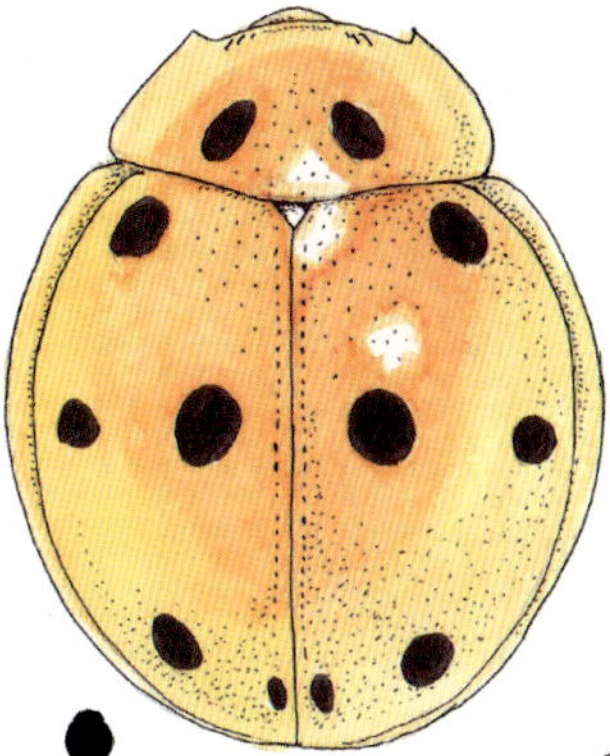

（3.8mm）

a.

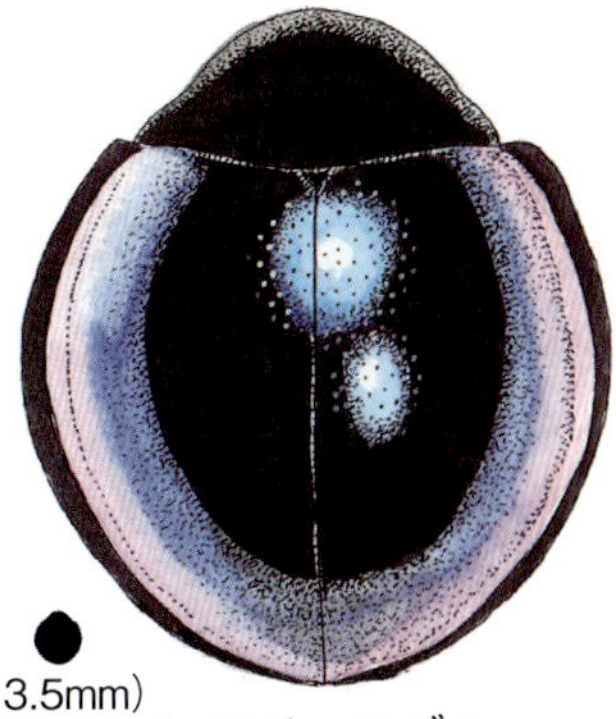

（3.5mm）

b. スチールブルーテントウ

（2.8mm）

c. ミスジキイロテントウ

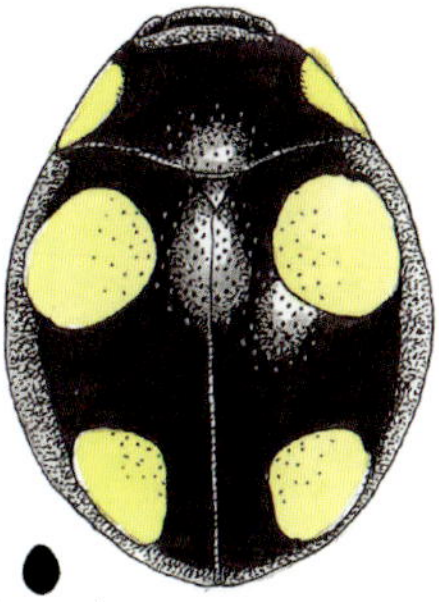

（3mm）

d.

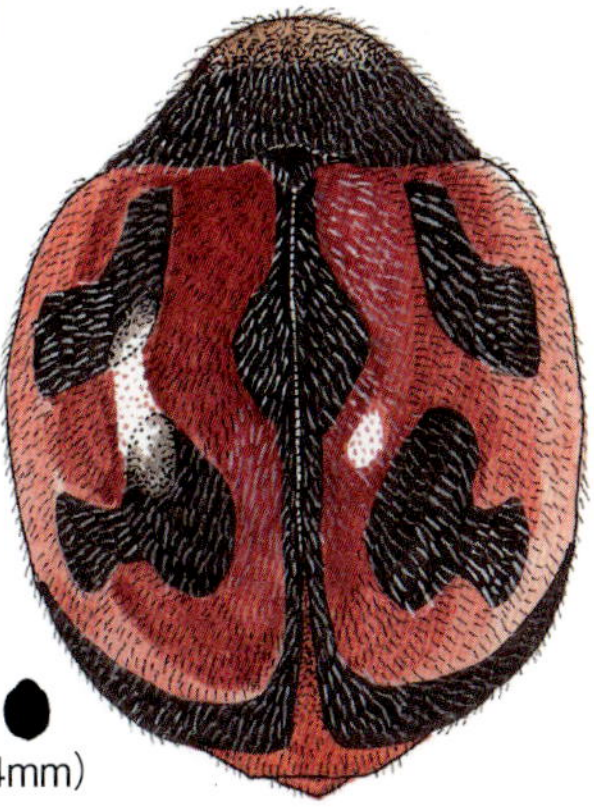

（4mm）

e. ベダリアテントウ

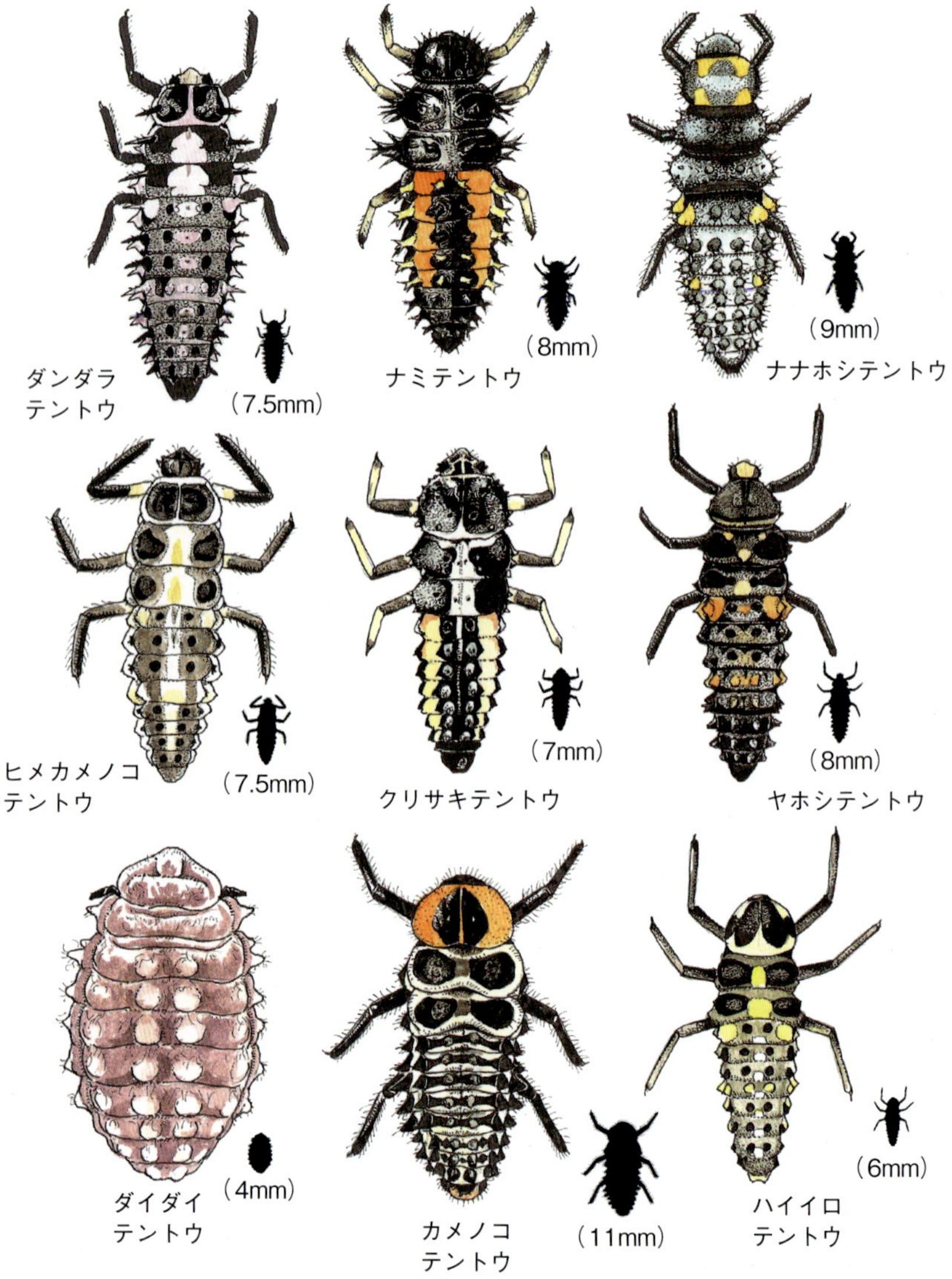

※長さ（mm）はすべて実寸サイズ。

【口絵 9】

テントウムシの幼虫

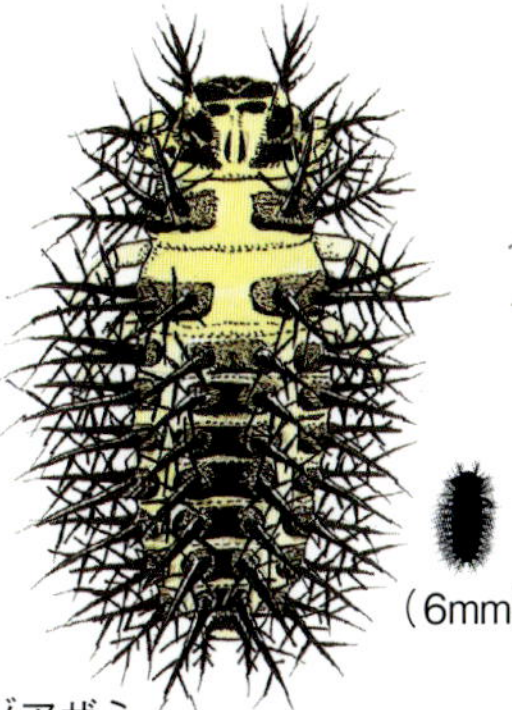

（6mm）

エゾアザミ
テントウ

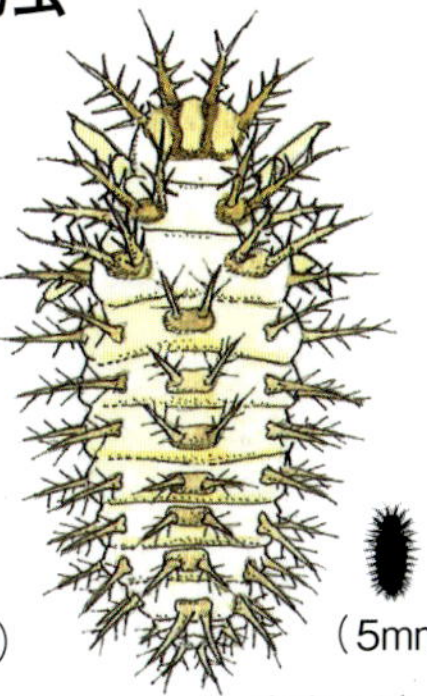

（5mm）

オオニジュウ
ヤホシテントウ

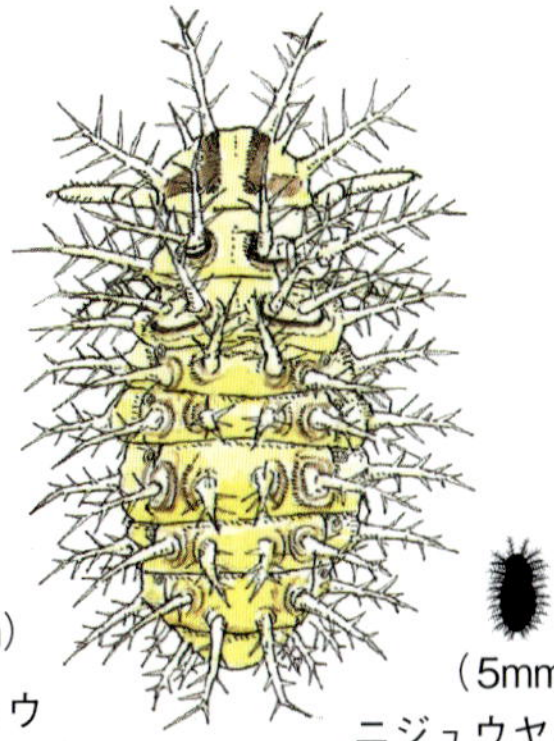

（5mm）

ニジュウヤホシ
テントウ

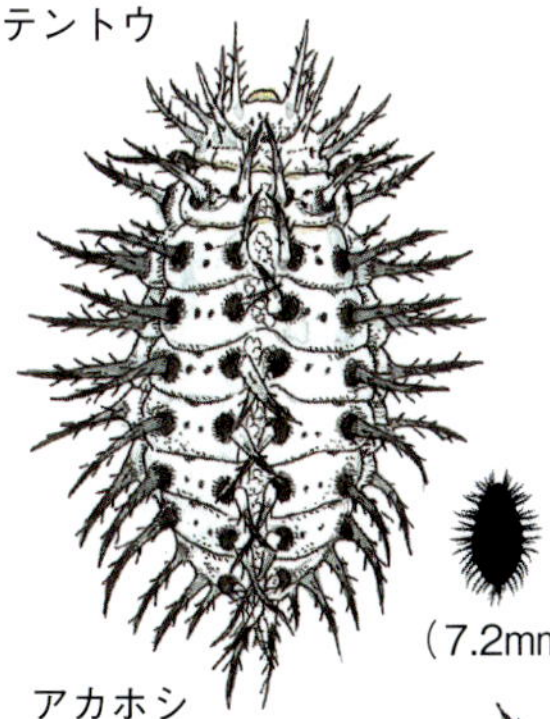

（7.2mm）

アカホシ
テントウ

（4mm）

アマミアカホシ
テントウ

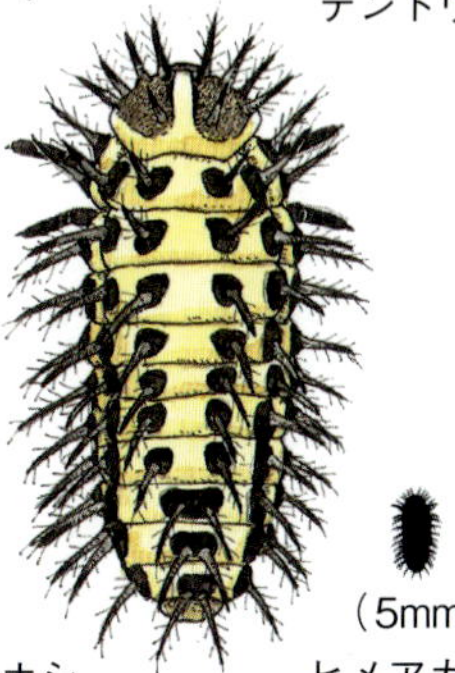

（5mm）

ヒメアカホシ
テントウ

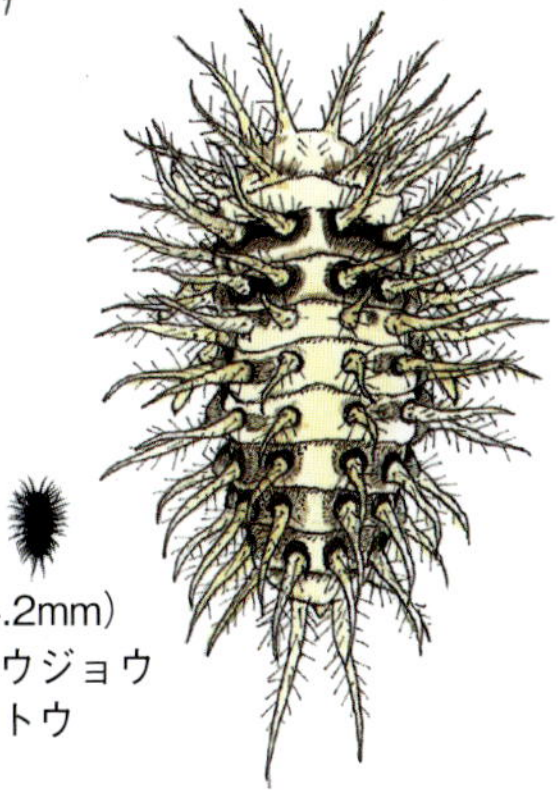

（4.2mm）

チュウジョウ
テントウ

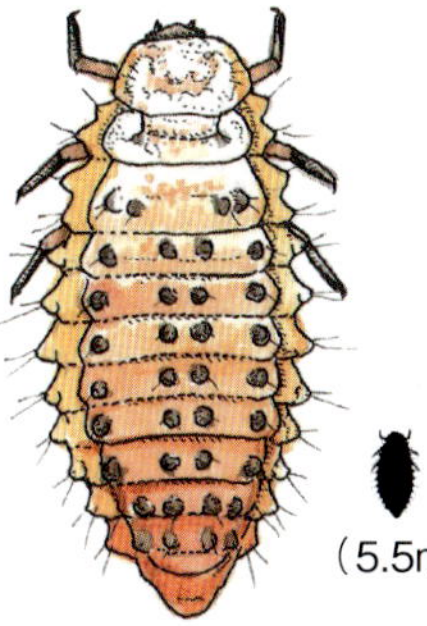

（5.5mm）

ベダリアテントウ

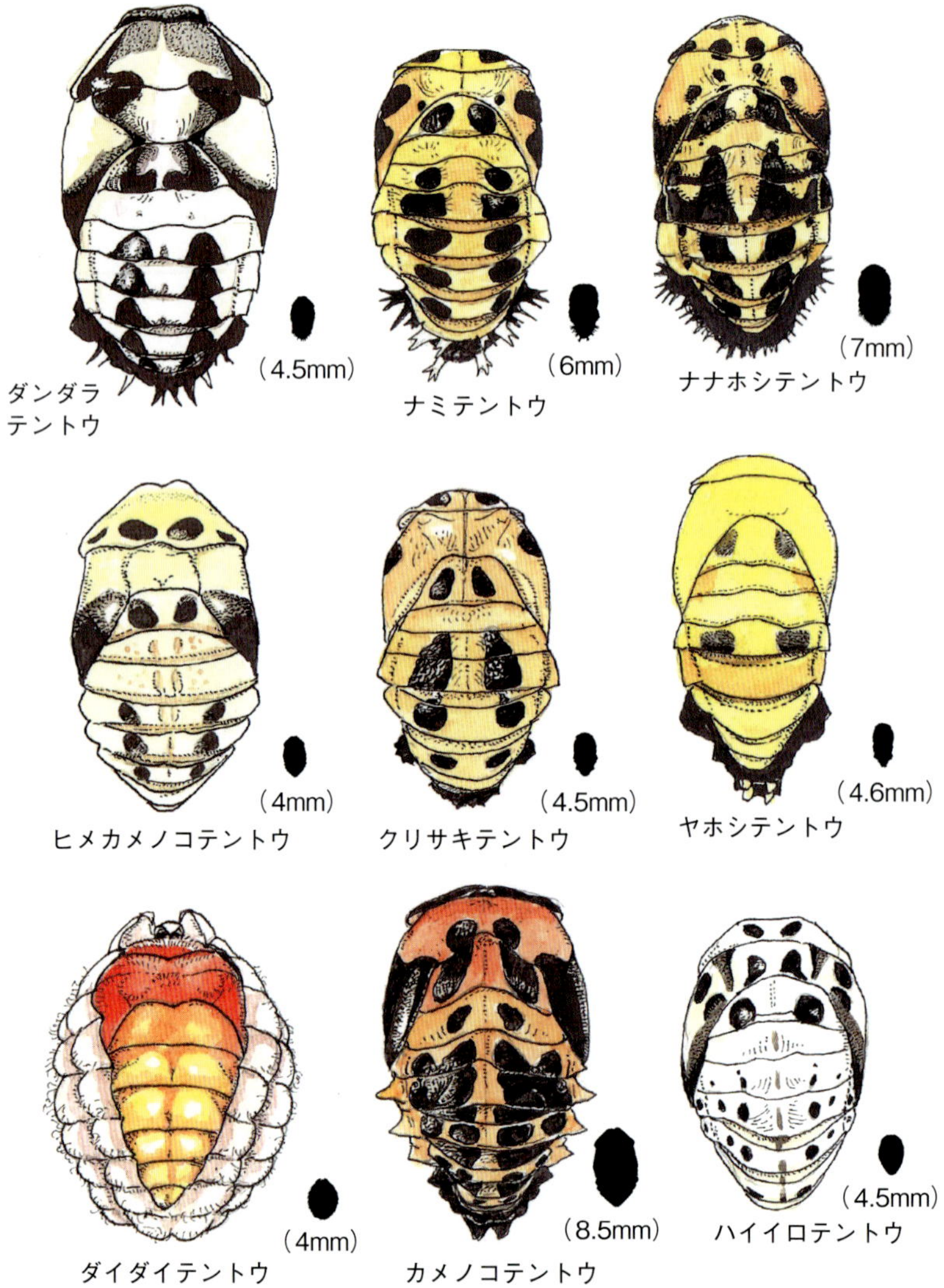

※長さ（mm）はすべて実寸サイズ。

【口絵 10】
テントウムシのサナギ

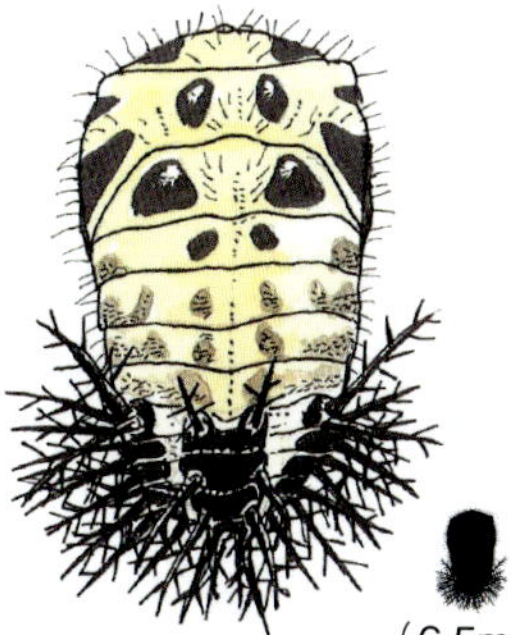

（6.5mm）
エゾアザミテントウ

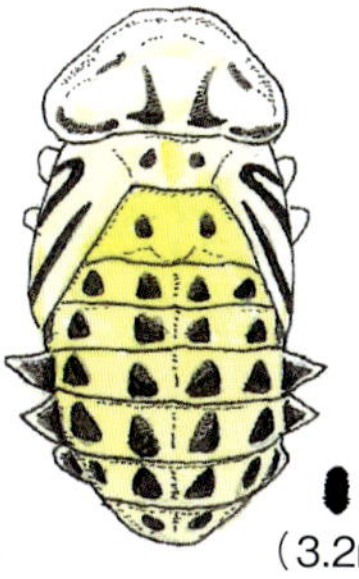

（3.2mm）
キイロテントウ

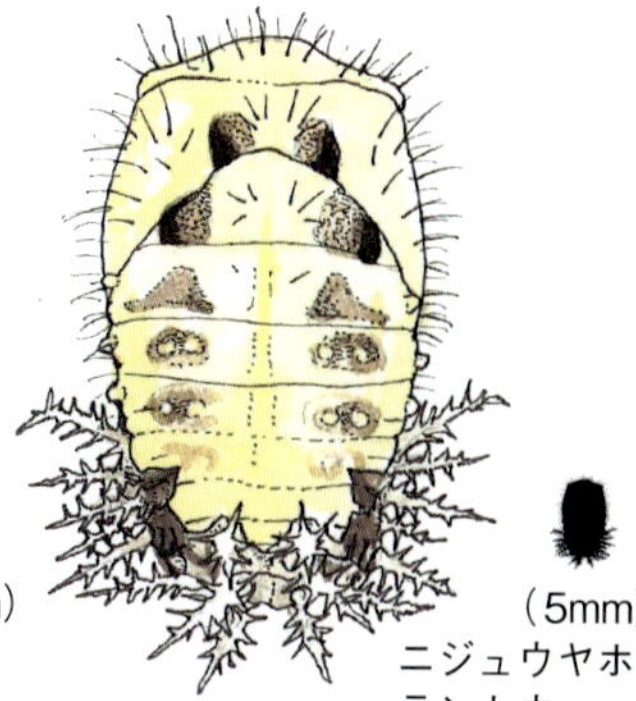

（5mm）
ニジュウヤホシテントウ

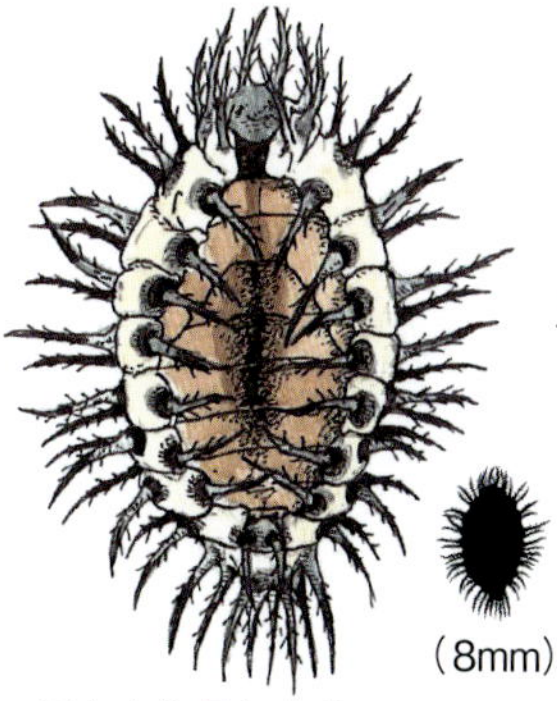

（8mm）
アカホシテントウ

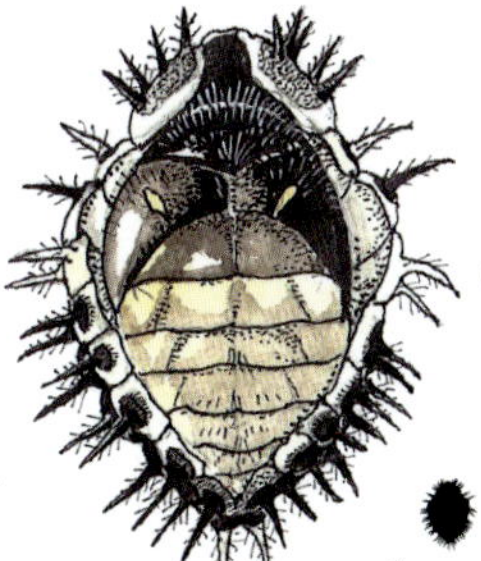

（4mm）
アマミアカホシテントウ

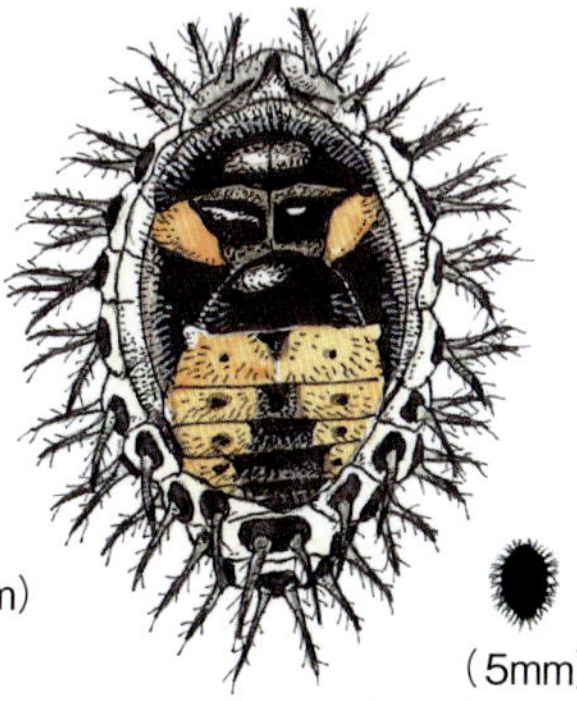

（5mm）
ヒメアカホシテントウ

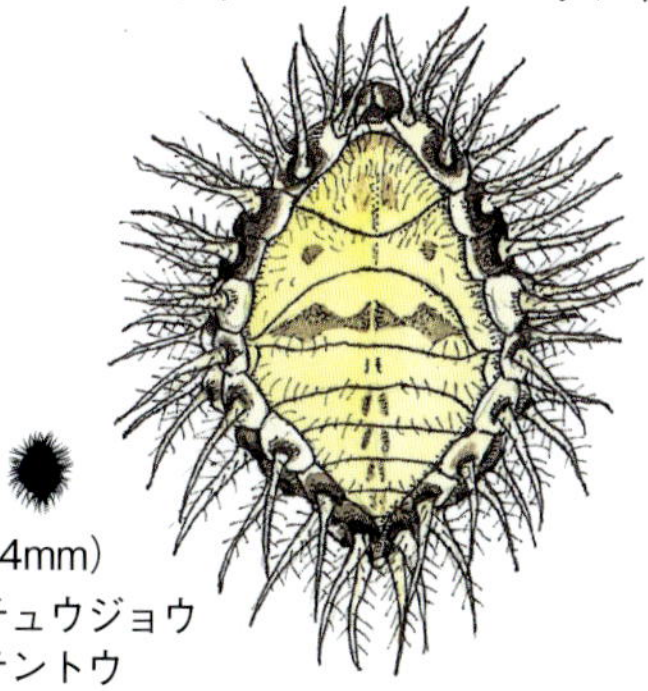

（4mm）
チュウジョウテントウ

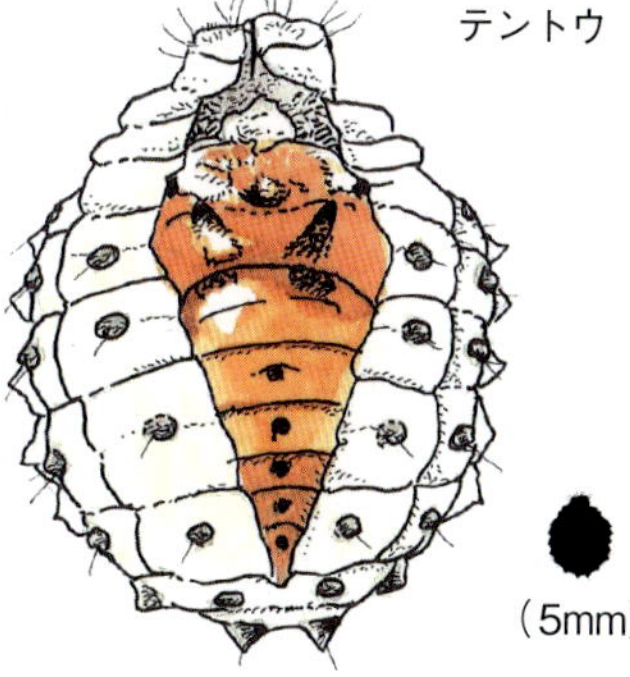

（5mm）
ベダリアテントウ

【口絵 11】
Q. テントウムシのニセモノはどれ？

a.（2.5mm）

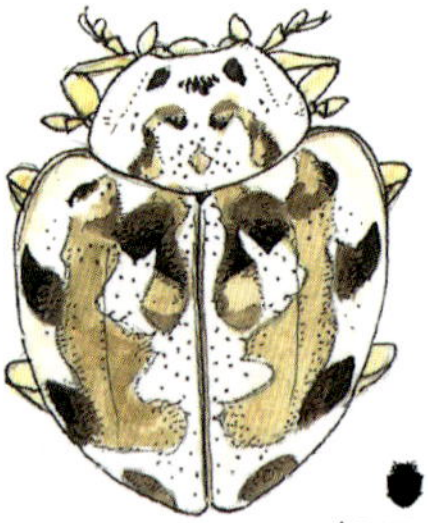
b.（2.5mm）

c.（4mm）

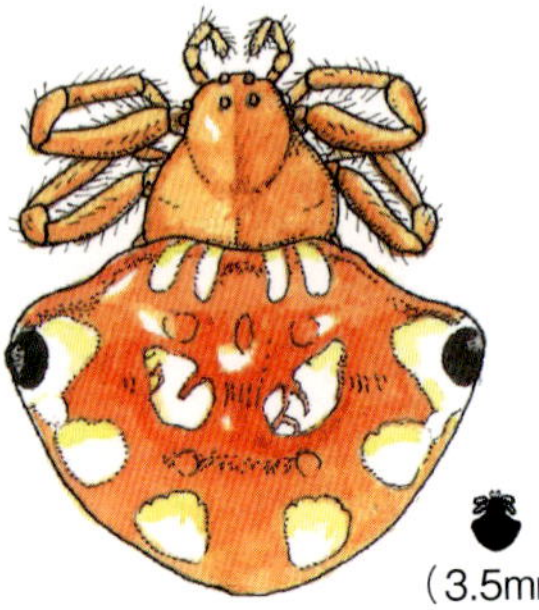
d.（3.5mm）

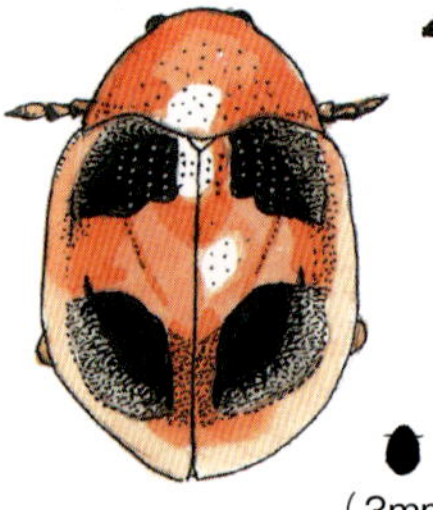
e.（3mm）

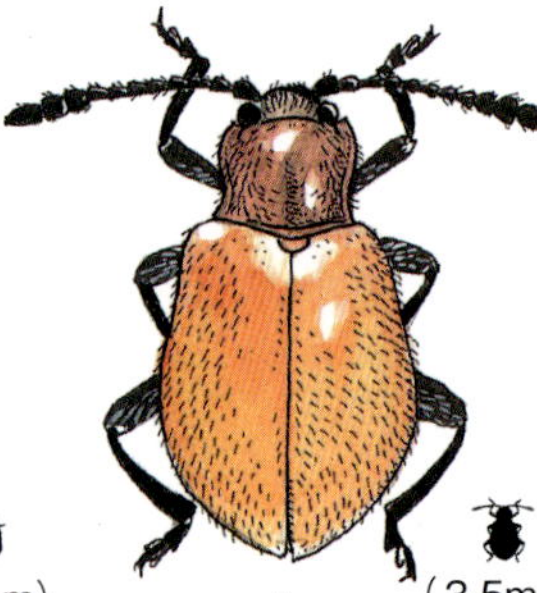
f.（3.5mm）

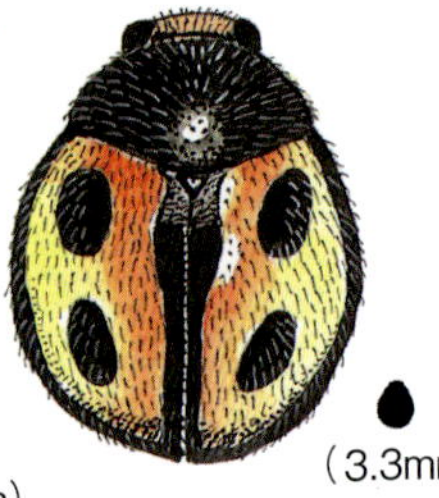
g.（3.3mm）

答えは 12 ページをご覧ください。

※長さ（mm）はすべて実寸サイズ。

テントウムシの島めぐり

——ゲッチョ先生の楽園昆虫記

盛口 満

◎目次

カバー・前見返し・口絵・本文
イラストレーション／盛口　満

プロローグ

僕は小さなときから島が好きだった。

房総半島の南端、千葉県館山市にある僕の実家近くには、沖ノ島という小さな島がある。その島が、僕のお気に入りの場所だった。沖ノ島はもともと、館山湾に浮かぶ小島で、関東大震災による地盤の隆起と、その後の埋め立てによって、細い砂州で本土とつながってしまった陸繋島《トンボロ》になっている。これまで何度通ったかわからないほど……。この沖ノ島に、この島の海岸や島と本土をつなぐ砂州で貝殻を拾うのが好きだった。おそらく、この島にばかり貝殻拾いに出かけたのは、きっと島そのものにもひかれていたからなのだろう。

島内部はタブやヤブニッケイといった照葉樹の大木で覆われて薄暗かったので、小さなころの僕にとってはどちらかと言えば怖さのようなものも覚えた場所だった。

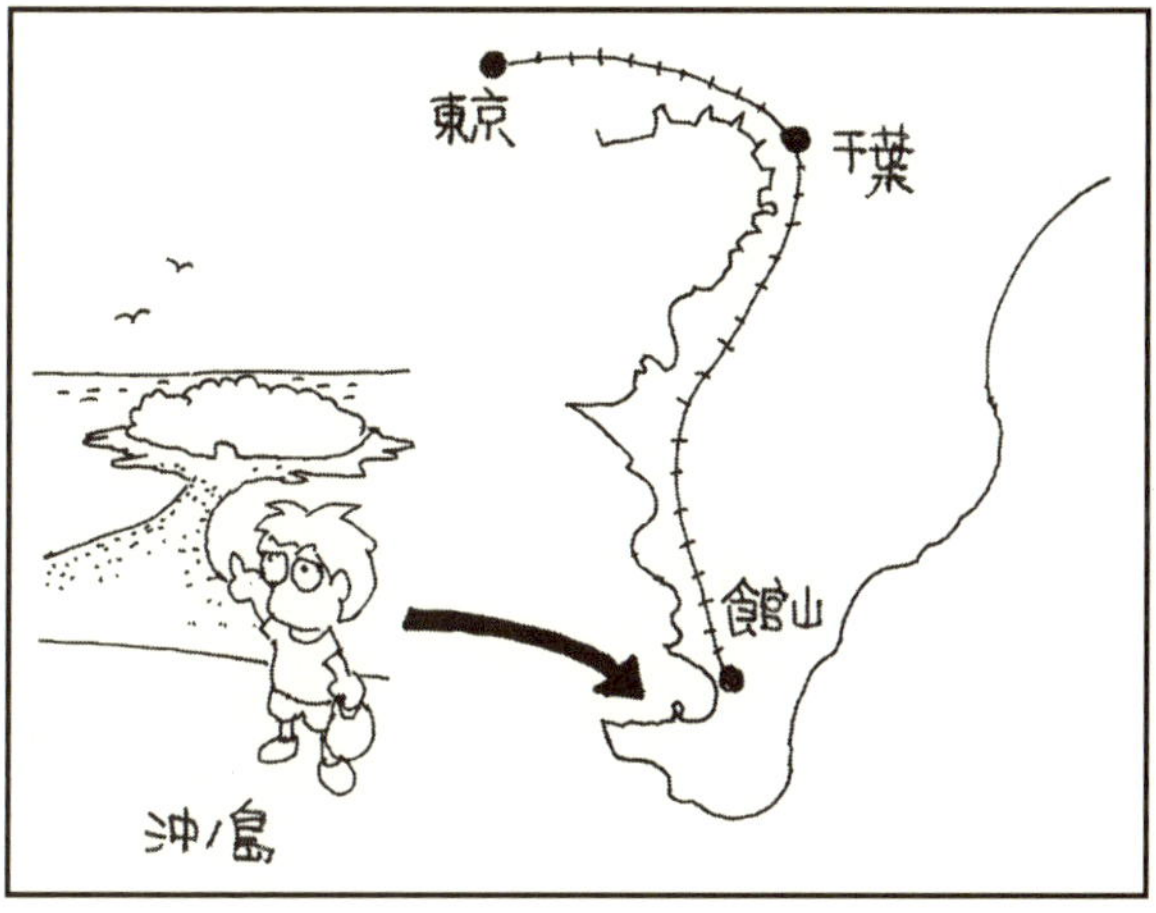

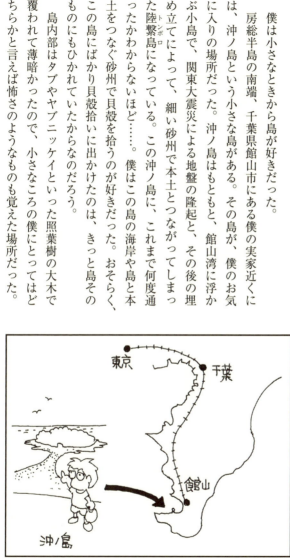

でも、逆に小さな島の森にも、何かいろいろな生き物が潜んでいるかのような気配も感じていた。島は、海によって隔絶されたひとつの「世界」。幼いころから生き物好きだった僕には、生き物を通じて「世界が見たい」という漠然とした思いがいつのまにか芽生えていたので、島に行くことは「世界」のミニチュアに触れるという思いがあったのかもしれない。

思い返せば、子ども時代の愛読書のひとつ、ベルヌの『十五少年漂流記』（正確な書名は『二年間の休暇』）は、こうした島への思いを特別に掻きたてる本だ。この本は、ニュージーランドで寄宿舎暮らしをする少年たちが、ひょんなことから無人島に漂着し、さまざまな困難に打ち勝ちながら、無事、故郷に生還するまでの物語だ。

本の中で少年たちにチェアマン島と名づけられた無人島には、実に多様な生き物たちも棲んでいることが紹介されていく。この本に出てくるような、たくさんの生き物が棲んでいる未知の島にいつか行ってみたい……、そんな思いが僕の中には育まれていった。いま僕が沖縄島に暮らしている背景には、そうした小さいころからの思いが強く関係している。

小さいころからの夢が叶って、僕が南の島、沖縄に移住したのは、ちょうど三八歳の誕生日のその日のことだった。時は五月初旬。例年なら沖縄はもう梅雨に入っている時期だが、この年はまだ梅雨入りはしていなかった。僕があらたに借りた部屋は、那覇市の小さな高台に建つマンションの一室。保証人になってくれた友人の隣の部屋がたまたま空いたので、そこに住むことにしたという、部屋選びははなはだ安直な理由からだった。

羽田から飛行機に乗って那覇空港へ降り立ち、新居となるマンションに向かう。部屋の契約自体は、その一か月前にすでに済ませていた。空港からはバスで三〇分ほど。有名な観光スポット国際通りの一端から、歩いて五分ほどという、那覇の中でも繁華街に近い場所だ。

マンションに着くと、さっそくトラブル発生。二棟のマンションが隣り合って建っていて、一方はワンルームで、僕が借りたのは3DKの間取りのほう。両棟は通路でつながり、ワンルームマンションの入り口が共通なのだが、両棟の境目にあるドアが針金でくくりつけられてしまっている。後で聞くと、マンションのオーナーが僕の借りたマンションのほうだけ手放し、別のオーナーの持ち物になったため、両棟の行き来ができなくなってしまったらしい（聞いてないよ……）。やむなく、もう一度外に出て、マンションの外周をぐるりと回って、通用口みたいな入口から入り込む。エレベーターで七階のボタンを押し、錆の浮きでたややくたびれかけたドアの鍵穴に鍵を差し込んで、新居に入り込んだ。

室内には、もちろんカーテンもなければ家具も何もない。がらんとした部屋が目の前にある。それでも、沖縄暮らしがこれから始まるのだ。そう思うと、どこかで胸がはずんでいるのがわかる。ちょっとした探検気分でがらんとした部屋の中を歩き回った。トイレ、バスルーム、和室が二つ、こじんまりしたシンクのある台所、それに小さな洋室。それまで住んでいた埼玉の家から送り出した荷物は翌日着くはずだ。あの荷物は、ここに入れて……と頭の中で荷物整理をしながら、何の気なしに洋室の壁にしつらえられたクローゼットの扉を開けて驚いた。どのくらいのあいだ、空き部屋だったのだろう。真昼間というのに、クローゼットの内側の壁には、五、六匹もの大きなゴキブリがのんびりとくつろいでいたのだ。

沖縄っぽいかもしれない。

一瞬、そう思ったが、同居人としてはいただけない。何かで叩き潰さねばと躊躇しているうちに、ゴキブリどもは気配を察して逃げ散ってしまった。

やれやれ。

その日の午後は、電話線をつないでもらったり、ガス屋や水道局に連絡したりして日が暮れる。まだ布団もとどいていない。埼玉の家から担いできたシュラフを和室の畳の上に広げ、ごろりと横になった。

沖縄暮らしが始まった。

二日目。ふたたびちょっとしたトラブル。今度はエレベーターが故障した。せっかく引っ越しの荷物がとどいたというのに、七階まで運び上げられない。荷物の到着はおあずけになった。もっとも沖縄に移住するとき、できるだけ身軽になろうと思い、家具で送り出したのは本棚とコタツ机がひとつぐらい。あとは布団と洋服が少々。それと、本の入った箱と標本の入った箱。ただ、本と標本はそれなりの量となった。

埼玉にいたころの僕の稼業は私立中・高等学校の理科教員だった。引っ越し荷物の大きな部分を標本が占めるのは、小さいころからの生き物好きが一番の理由だけれど、標本の多くは教材……つまりは商売道具でもある（それでも、引っ越し前にずいぶんと処分をした）。一方、引っ越し荷物の中には炊飯ジャーもなければ冷蔵庫もポットもなかった。結局、それから一年余りのあいだ、僕はコッヘルと呼ばれる登山用の万能鍋を使って、ガスでご飯を炊き続けることになる。ただ、さすがに暑い沖縄のこと。冷蔵庫だけは那覇暮らしを始めてしばらくして、中古ショップでワンドアの一番安いものを買った。

三日目になり、引っ越しの荷物がとどくまでの待ち時間を使って、那覇の探検に繰り出すことにした。車も沖縄にはもってこなかったので、しばらくは徒歩かバスが交通手段だ。

移住するまでも、僕は毎年のように沖縄に来ていたけれど、その行先はたいていが沖縄島よりもっと南にある西表島《いりおもてじま》だった。沖縄島はどちらかと言えば、西表島に行き来する際の経由地で、国際通りでお土産を買ったり、飲んだりするところ、というのが僕の中の位置づけだった。

ところが、僕は那覇に移住した。その最大の理由は、マンションの隣の部屋に住む友人が、那覇でフリースクールを開設するので、その手伝いをしようと思ったからだ。が、フリースクールの開設自体は翌年の四月。それまでは開設の手伝いをするといっても、毎日のように仕事があるわけではない。いや、ほとんど無職状態と変わらない。考えようによっては、これも幸いだ。僕は有り余る時間を利用して、見知らぬ沖縄島の自然を見聞きして回ろうと思った。

梅雨前の曇天に向かった先は、那覇市で唯一と言っていいほどまとまった緑地が残るS公園。我が家となったマンションも、まだ二日しか過ごしていないので、マンションから一歩出た先でさえ物珍しい。自分はこの土地で、どんな生き物と出会うのだろう? その思いにどきどきする。隣にある民家の玄関先のネコの額ほどの土地にはサツマイモが植えられている。見ると葉っぱが穴だらけ。いったい、誰がかじったのだろう。よく見てみると、葉っぱのあちこちに、平べったい黄土色の虫が貼りついている。甲虫のハムシ科の中でもカメノコハムシと呼ばれるグループの虫だとすぐにわかる。でも、名前まではわからない。それまで僕の住んでいた埼玉では見かけない虫だからだ。後で家に戻ってから図鑑を調べると、この虫の名はヨツモンカメノコハムシであった。解説には沖縄島以南、中国南部、台湾、インドシナ、ビルマ、インドに分布などと書いてある。南の虫だ。

その後、マンションから歩いて二〇分ほどのところにあるS公園でも、ハムシ科の虫たちをいろいろと見た。フタイロウリハムシ（奄美大島以南、台湾、東南アジアに分布）、ホソセスジハムシ（奄美大島以南、中国南部、台湾、ベトナム）、オキナワイチモンジハムシ（奄美大島以南の琉球）、オキナワイモサルハムシ（琉球、中国、台湾、インドシナ、マレー、インド）といった虫たち。那覇の街中の公園でも見つかる虫だから、決して珍しいものではない。それでも、いずれも僕が住んでいた埼玉では見ることのできない虫ばかりだ。

公園をひとめぐりして、さて、どうしようと思っていた矢先、植え込みの下の地面に転がる小さな動物の死体を発見した。すでにハエが寄ってきているし、異臭もする。一瞬ためらうが、すぐに拾い上げ、すかさずタクシーを捕まえ、ビニール袋に放り込んだ小動物の死体ともども家に戻った。無職状態なので節約モードなのに贅沢をしたのは、五月の沖縄はもうかなり暑く、死体を処理するには一刻も早いほうがいいと思ったからだ。拾い上げた動物はワタセジネズミだった。この動物もまた、埼玉では見ることができない動物だ。奄美大島から沖縄島にかけての島々に分布していて、近縁の種類は台湾やインドシナなどに分布している。先のハムシたちもそうだが、沖縄の生き物は東南アジアと関連の深いものが多い。

まだ引っ越しの荷物がとどいていなかったので、マンション近くの雑貨屋で小さな鍋を買う。もちろんワタセジネズミのためだ。家に戻って、まず、ワタセジネズミの全形をスケッチする。その後、異臭を放っているワタセジネズミを、どう処理しようか、しばし悩む。結局、骨格標本を作ることにして、鍋にまるごとのジネズミを入れ、しばし茹でる。茹だったら新聞の上でざっと皮と内臓を取り除き、再び鍋へ。ほどよく火が通ったところでシャーレに入れて、ピンセットと楊枝で肉をとってゆく。小さい動物なので根気がいる作業だ。骨がばらばらにならないよう、それでいてできるだけ肉がついていないようにしなくてはならない。最後には歯ブラシまで動員してキレイにする（ああ、新しい歯ブラシを買ってこなくっちゃ）。タクシー代と鍋代と歯ブラシ代をかけただけあって、それなりの姿の全身骨格標本ができた。

こうして僕の沖縄暮らしが始まった。いったいいつまで沖縄に住めるのか、そんな先のことはまったくわからなかった。

そして月日がたった。

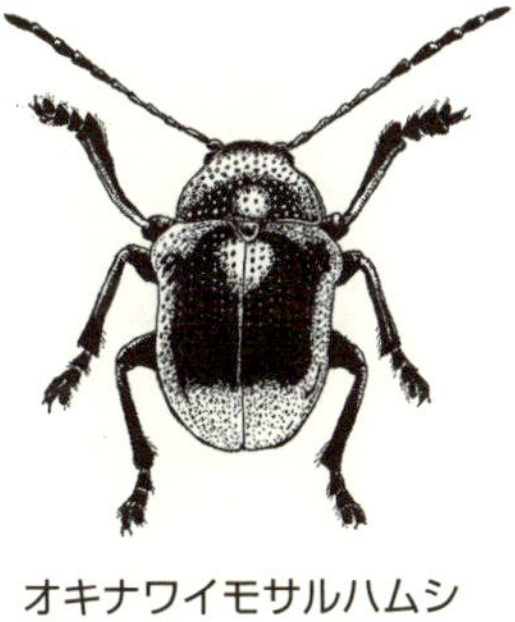

オキナワイモサルハムシ
（6mm）

A. ★はニセモノのテントウムシ（口絵 11 クイズの答え）

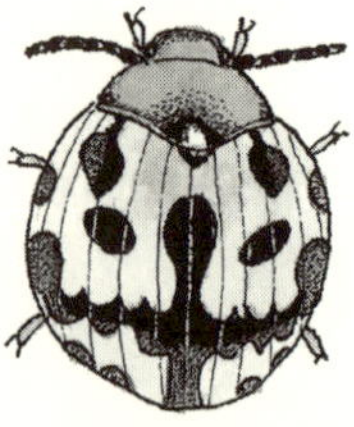

★a. アマミクロホシテントウゴミムシダマシ
（2.5mm）

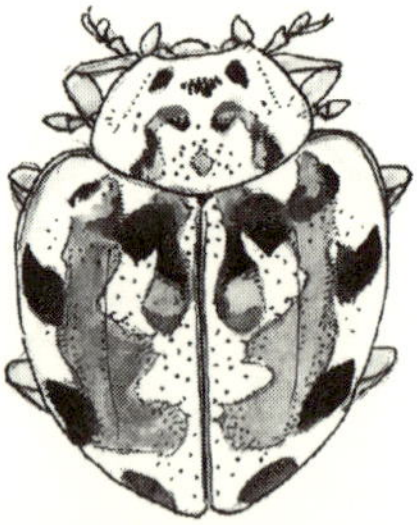

b. クモガタテントウ
（2.5mm）

c. アミダテントウ
（4mm）

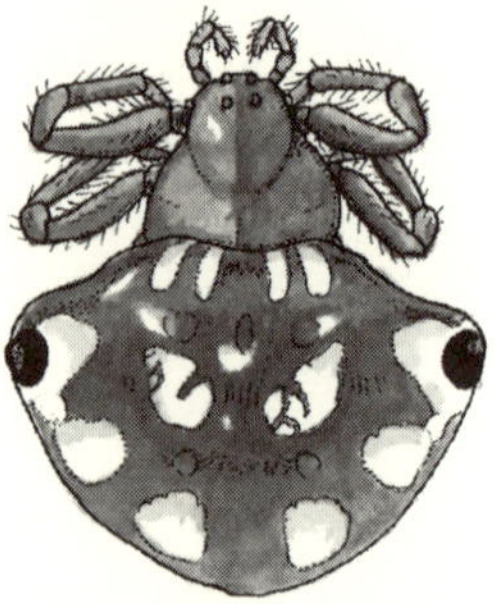

★d. アカイロトリノフンダマシ
（3.5mm）

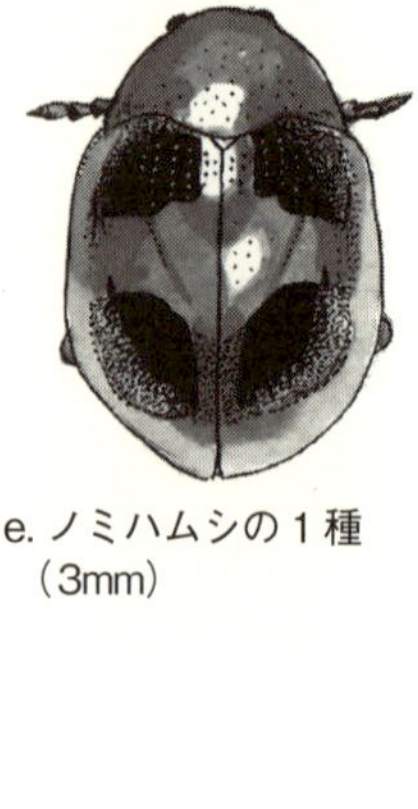

★e. ノミハムシの 1 種
（3mm）

★f. キイロテントウダマシ
（3.5mm）

g. ヨツボシテントウ
（3.3mm）

1章　テントウムシってどんな虫？

好きな虫とキライな虫

埼玉の中・高等学校の理科教員を退職するとき、教員稼業とは縁が切れるものだと思っていた。むろん、友人の開設するフリースクールの手伝いをする心づもりはあったのだが、毎日、学校に通う生活とはおさらばだなと思っていたのだ。ところが、思ってもみなかったことが起こる。沖縄に移住して七年目に、那覇にある小さな私立大学の専任教員になってしまったのだ。結局、学校生活に逆戻り。

振り返れば、教員になったのは、もう三〇年近く前だ。どんな商売もそうだろうけれど、三〇年も続けていれば、その商売ならではのあれこれが身についているものだろう。教員稼業でいえば、学生や生徒の声の聞き取り方がそれにあたる。

学生にせよ、生徒にせよ、話をしていて「へぇー」と返されたら、それは僕の話が右耳から左耳へと通過していったという証だ。逆にちゃんと、話が「通った」ときには、彼らや彼女らは、「ああ」とか「ええっ？」とか「おおっ！」といった感嘆詞を返す。教員をしているからには、できるだけ学生や生徒たちに「ああ」だの「ええっ?」だのといった言葉を言わせたいのだが、そういつもうまくはいかない。「ああ」どころか「へぇー」ですらなく、眠りの世界に沈没させてしまい、落ち込むことは今もなお、ざらだ。ただ、さすがに何年も教員生活をしていると、ある程度、俗に「鉄板」と呼ばれるような、学生や生徒に受けのいい……つまりは「ええっ?」と言わせやすいネタがあることにも気づく。僕の専門である生物学の教材でいうと、たとえばゴキブリの話は受ける。教室に生きたゴキブリを持ち込むと、パニック級の反応が返ってくる(やり方を間違えると確実に嫌われるので要注意)。生きたゴキブリならずとも、ゴキブリの話だけで、結構盛り上がる。ゴキブリは嫌われ者だ。僕も自分のマンションに出没するゴキブリ(種類はワモンゴキブリだ)は好きになれない。

現在、僕が籍を置いているのは小学校の教員養成課程の学科で、将来は小学校の教員を目指す学生たちに理科の授業のやり方を教えている。そのため、時々小学校の現場に出かけることがある。小学校ではよく昆虫の授業(小学校三年生の理科の学習単元)をする機会があって、行った先のクラスで「キライな虫ってどんなの?」と質問をするのをひそかな楽しみとしている。まぁ、クラスによって、実にさまざまな「虫」の名があがってくるのだが、ゴキブリの名前は確実にあがる。三〇クラスで聞いた「キライな虫ってどんなの?」という問いに対する回答を集計したら、ゴキブリは唯一、全クラスで名前のあがった虫だった。

理科教員からすると、キライは好きの反対語とは思えない。キライや好きの反対語は無関心なのだ。教材として取り上げる生き物に、どんな生き物が適しているかを考えると、生徒たちに好意を持たれていても、嫌悪感を持たれていても、どちらも教材足りうるけれども、生徒たちがまったく興味を持たない生き物は、教材足りえないということだ。つまり、そうした生き物の話をしても、「へぇー」と返されてしまうのである。

ある日、勤めている大学の教授会に出かけたら、隣に座った心理学のY先生に声をかけられた。僕は経歴が一般の教員上がりで、研究者の王道を進んでいないので（それ以外にも理由がありそうだけど）、大学の中でほぼ確実に浮いている。だからほかの先生に、用事もないのに声をかけられて正直驚いた。心理学の先生なので、あまりに浮いている僕を心配してくれたのかもしれないが、その質問の内容が、「沖縄では冬になっても、ゴキブリは活動するの？」だったのでちょっと笑ってしまった。僕が授業であまりにゴキブリネタを話したためか、どうやらゴキブリの専門家と思われてしまっているようだからだ。

また、こんなこともあった。僕は週に一回、沖縄の新聞に子ども向けに、絵入りで生き物の話を連載している。いつのまにか連載も一四年間続いていて、七〇〇回を迎えたのだけれど、見返してみたらそのうち一五回がゴキブリの話だった。一般的に虫の中では好意を持たれているチョウについては六回しか書いていないので、僕にとってはゴキブリのほうが話題にしやすいことを再確認した。とはいえ、あまりにゴキブリの話が続かないように気をつけているのだが。ある週の新聞にゴキブリの記事を書いた後、学長に「うちの娘があの記事を読んで、〝うちのお父さんがゴキブリの研究者じゃなくてよかった〟と言っていたよ」と声をかけられてしまった。学長は憲法学者である。重ねて言っておくが、僕はゴキブリの研究者ではなく、理科の教材としてゴキブリが有効かどうかを考えているのだけれど……。

かくいうわけで、僕は職業柄、学生や生徒が面白がる生き物に興味をそそられてしまう傾向がある。しかし、もともと子どものころから生き物好き。きっかけはともあれ、いつのまにやら、学生や生徒のことはそっちのけで、その生き物を追いかけるのにひたすら夢中になることも少なくない。そして、これまたいつのまにやら思わぬところにたどり着いてしまうこともある。ゴキブリも、今は生徒そっちのけで、僕自身が虫の中でいちばん好きなグループになった。そんな僕が今度は、テントウムシにひかれた。

テントウムシとゴキブリ

ある日、学生のカナを呼び止めて、研究室で話をした。カナは学年イチのムシギライで通った学生である。この日、僕がわざわざ彼女に声をかけたのは、虫ギライな人がどのくらい虫がキライなのかを、彼女の例で調査したいと思ったからだ。

「虫って、全般的にダメなんだよね……」

このような前置きから、彼女との話は始まった。

「なんで、虫がダメなのだろう」

「虫って、触角があるし、あと、こっちに向かってくるでしょう。翅があるやつは飛んでくるし」

「じゃあ、バッタとかは無理かな?」と、聞いてみる。

「バッタ？　ムリ、ムリ。ハチもこっちに向かってくるし、ガも人に止まろうとするのがイヤ」

それなら、おっとりした虫ならどうなのか。ナナフシは動きがゆっくりだから大丈夫ではないか？

「あーっ、虫って、みんな汚くない？　さわると不潔そう。棲んでる場所も場所でしょ。草むらとか。そういうところって、ネズミとか、変な動物とかいるさ。あと、虫って、虫同士で食べ合ったりするじゃない。同じ虫なのに」

「それは、カマキリのこと？」

「そう。あと、カマキリって、顔よりも眼が大きいよ。ギョロッとしていて、あれが気持ちワルい。虫はケムシみたいに毛があるのもイヤだけれど、毛がないのはないで、気持ちがワルい」

カナの口からは、際限なく虫の悪口が出てくるようだ。ここまで悪口が言えるのもかなりのもの。面白くなって、さらに聞いてしまう。「カナ的に言うと、セミはどうなの？」

「セミは鳴いているとうっとうしい。それにセミの姿はゴキブリを連想する。カブトムシやクワガタも裏返したらゴキブリに似ている。コオロギもめっちゃゴキブリに似ている。黒光りしている虫はゴキブリを連想させるからイヤ」

ホタルはどうだろう。虫ギライな人であっても、ホタルなら「いい」と思うのではないか。

「あれ、光ってなかったら、ゴキブリでしょ？　ホタルってゴキブリ科じゃないの？　昼間見てごらん、ゴキブリだよ」

ホタルに対しても、カナの悪口は容赦がなかった。しかも、悪口がすべてゴキブリに収斂する。ここまで言われるとゴキブリもかわいそうになってくる。ところが、そんなカナが「テントウムシはカワイイよ」などと言うのだ。

「テントウムシは丸いし、色もカワイイさ」

虫が全部キライというカナでさえ、テントウムシだけは例外だった。生徒や学生たちと話をしていると、彼ら彼女らのゴキブリギライは、いささか過剰ではないかと思う。つまり、現実のゴキブリを知らず、一方的なイメージで「キライ」とラベリングをしているように思えるのだ。逆に、だからこそ、授業の中で現実のゴキブリの姿を紹介すると、「ええっ？」という声が返ってくる。そして、そのやりとりから、さらに普遍的な現象や法則に話を結び付けられたら、授業は成功だ。しかし、カナとのやりとりで気づいたのは、どうやらテントウムシに対するイメージも、ある種の過剰さ（プラス・イメージなのだけれど）が付きまとっているのではないか……ということだった。そうならば、テントウムシの実際の姿は、あまり知られていないのではないだろうか？　ひょっとしてテントウムシはゴキブリと似た者同士か？　そんな思いが、テントウムシに対する僕の興味の始まりだった。

テントウムシの名前の由来

「テントウムシって、なんでテントウムシって言うの?」

学生たちと野外で虫を見ているときに、そんなふうに聞かれたことがある。

言われてみれば、確かに知っているようで、よく知らない。テントウムシは漢字で書くと「天道虫」となる。テントウムシをおてんとうさまの虫……というのは、捕まえると指先にのぼって、そこから空に飛んでいく姿からだろうか。調べてみると、甲虫研究家の林長閑さんの『ヒトと甲虫』には、テントウムシの名前の由来として、二つの説が紹介されていた。

ひとつは先に僕が書いたようなことが由来とする説だが、もうひとつ、思いもよらなかった話が紹介されていた。それは「一六世紀の後半、キリスト教の布教にやってきた宣教師が神のことを『テントウ』と呼び、この虫に神の虫の意味でテントウムシと名付けたのが始まり」という説だ。後者の説に関しては、『テントウムシの調べ方』という本の中に、さらに突っ込んだ内容として、「戦国時代、キリシタンが旧約聖書の神、エホバの日本語訳として「てんとう」を採用したことから、テントウムシは「神様の虫」の翻訳とも考えられる……」という内容が紹介されている。

「翻訳」云々とあるのは、欧米では、テントウムシは神様とかかわりのある虫とされているからだ。英語でテントウムシを「レディバード」と呼ぶが、この「レディ」は聖母マリアのこと。また、フランス語やドイツ語でも「聖母の虫」という意味を持っている。テントウムシは昔から、世界各地でえこひいきされてきた虫のようだ。

テントウムシはマズい、ゴキブリはおいしい

最近になって、昆虫食がちょっとしたブームになり、関連本の出版や、虫を食べる集まりが開かれたりしている。僕もいくつか虫を食べたことがある。こうした話もまた、授業では「受ける」話の部類に入る。

「一番おいしかった虫は何？」

授業の中で虫を食べた話をすると、小学生などはものすごく、くいついてくる。そして、さっそくこんな質問をしてくれる。

数少ない僕の体験の中で、おいしかった虫のひとつがカブトムシのメスだった。硬い前翅やトゲの生えた脚は取り除いて、おき火の上でこんがり焼くと、ちょっとイセエビのような風味がした（食べる部分は少ない）。

「じゃあ、一番おいしくなかった虫は？」

おいしい虫の次には、こんな質問が飛び出してくることがあるので、一時、ひととおりの虫を口に入れてみた。これまた教材研究である。たとえばナナホシキンカメムシはおいしくなかった。焼いて食べてみると苦みがあった。一度試してみなくてはと思い、テントウムシをそのまま口に入れて噛み潰したこともある。すると苦みが口の中に広がり、その後、一五分間ほどツバを吐き出し続ける結果となった。テントウムシはおいしくない。そのことを身を持って知る。

テントウムシは、子どもたちにとって人気のある虫だ。なぜかと言えば、カナが言っていたように、

丸くてきれいな色をしていて、動きもそれほどすばやくないので素手でも捕まえられるからだ。これらの特徴は、すべて「おいしくない」ことと結びついている。自分が「おいしくない」ことをアピールするために、テントウムシはあんな派手な色合いをしている。動きがすばやくないのも、食べられない自信があるからだろう。調べてみると、テントウムシは体液にコクシネリンという毒性のアルカロイドをもっていると書かれている。

一方、食べる視点でとらえてみたら嫌われモノのゴキブリははたして、どんな虫なのだろうか？　ゴキブリは色も地味で、夜に活動し、しかもすぐに逃げる。つまりこれらはすべて「食べられたくない」ことに結び付いていそうだ。人間の家屋に出没するゴキブリは衛生的ではないし、また強い不快臭を発するものもいるので食用にしないほうがいい。けれども、屋外性のオオゴキブリを試しに焼いて食べてみたら、普通の味がした。学生たちにこの話をしたら「普通の味の意味がわからない」と言われてしまったのだけれど、言ってみれば、味付けをする前のイナゴのような味である。

虫を餌として生きる鳥や爬虫類からしたら、テントウムシはイヤな虫で、ゴキブリはおいしそうな虫になるだろう。人間とはまったく逆の見え方になるわけだ。実際、ゴキブリの中には、テントウムシに擬態する種類がいる。テントウムシそっくりの姿をしていれば、天敵に襲われる心配がなくなるからだ。まだ実物を見たことがないのだけれど、おそらく、ゴキブリのくせに、日中、葉の上などに堂々と止まっているはずだ。

テントウムシはゴキブリにあこがれられるほど、実はイヤがられる虫なのだ。ところで毒は、場合によって薬にもなる。では、食べるとおいしくないテントウムシは、薬として使われていたことはなかったのだろうか。

昆虫の文化史関連の本を読むと、イギリスでは、かつて、テントウムシを胆石症の発作の薬として使っていたとある。ただし、日本や中国においては、テントウムシは薬用としては使われていなかったようだ。『薬用昆虫の文化史』(渡辺武雄著、東書選書)をひもといてみたが、カブトムシやホタルは薬用として名前があげられているものの(たとえばホタルは腫物の膿の吸出しや利尿剤などに使われたとある)、テントウムシの名前はあげられていなかった。台湾で出版された『動物薬用的妙方』という動物を原材料とする漢方の本を見てみても、ゴキブリ、カマキリ、セミ、アゲハ、アシナガバチまで薬として紹介されているけれど、テントウムシは載っていない。

漢方では利用されていなかったものの、日本でもテントウムシは古くからそれなりに、人の注意を引いていた。江戸時代の本草学者、小野蘭山の手になる『本草綱目啓蒙』の中には、金亀子《コガネムシ》の項の追記のような形で、「三分ほどの大きさにして形円、色赤くして小黒点あるを、テントウムシと云う」と書かれている。加えて、江戸時代の「虫譜《ちゅうふ》」と呼ばれる、昆虫を描いた画帳にもテントウムシの絵が描かれている。

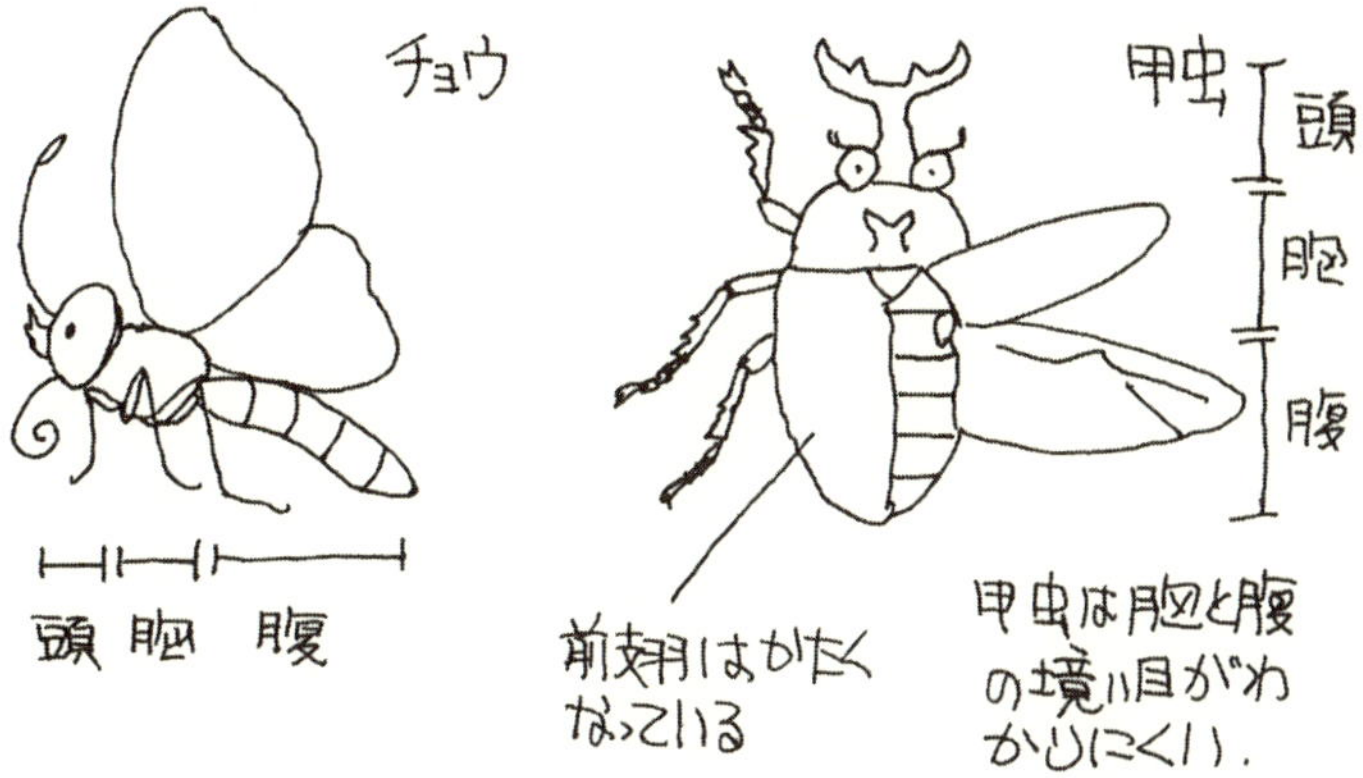

昆虫の体のつくり。テントウムシは甲虫の仲間

テントウムシってどんな虫？

テントウムシは知名度の高い虫ではあるけれど、たとえば生活史ひとつとっても、その実態はあまり知られていない。大学生とのテントウムシについてのやりとりにもそれは表れている。

「テントウムシの幼虫って、どんなものだと思う？」

学生たちを捕まえてそんな質問をしてみた。

「えっ？　テントウムシに幼虫っているの？　小さいテントウムシが生まれてくるんじゃないの？」

チヒロはそんなことを言う。こんなふうに思っている生徒や学生は少なくない。チヒロのような考えを仮に「反幼虫派」としておく。

一方、ヒカルは「幼虫って、フニフニした柔らかいやつじゃないの？」とチヒロに聞き返していた。ヒカルは「幼虫派」ということになる。

「幼虫がいるんなら、あの星マークのある殻は、いつできるの？」

反幼虫派のチヒロが聞き返す。

「基本、チョウといっしょだと思ったけど」

「じゃあ、サナギになるの？」

「テントウムシのサナギって、考えられない……」

結局、このやりとりでは、反幼虫派のチヒロが幼虫派のヒカルを説得するという結末となっていた。しかし、本当はテントウムシには幼虫期も蛹期《ようき》もある。

ここで、テントウムシとはどのような虫なのか、ざっと見ておくことにしたい。

小学校の三年生で昆虫とは何かを学ぶ。が、授業ではバッタやチョウなど代表的な昆虫を例にして、その一生と体のつくりをざっと見るのが普通だ。そのため、バッタやチョウという限られた一部の昆虫の一生や体のつくりを覚えたとしても、昆虫全般については小学校三年でも、それ以降でも一切、学校では習わないのが現状だ。そのため、たまたま身近にいて実物を見たり、興味があって飼育したり、本で読んだりしない限り、テントウムシの一生について知らない大学生が存在しても不思議ではない。

テントウムシは、昆虫類の中ではカブトムシなどと同じく「甲虫」と呼ばれるグループに分類されている。生物学的には、甲虫目の中のテントウムシ科に所属する虫がテントウムシだ。テントウムシの化石は今のところ新生代・第三紀（二三〇〇万年前～五〇〇〇万年前）の琥珀からのみ知られている。一方、ゴキブリのご先祖様（正

表1 学生たちの描いたテントウムシのホシの数

ホシの数	2	4	5	7	10	12	15	20	47
人　　数	1	1	1	3	3	3	1	1	1

確に言うと、現在のゴキブリを生み出す前のグループ、原ゴキブリ類）は約三億年前の古生代石炭紀に登場している。つまり、テントウムシ科は、昆虫としては比較的新しい時代に生まれたグループなのだ。

では、テントウムシは日本には何種類いるだろうか？

大学の授業の中で、学生たちに「テントウムシの絵が描ける？」と聞いてみる。

「えーっ？　黒地に赤だっけ？　それとも赤地に黒だっけ？」

「ホシの数はいくつだっけ？」

「ホシって、左右、同じ数あるの？」

学生たちは紙を前にして首をひねっていた。

テントウムシは誰でも知っている虫なのだが、いざ絵に描こうすると、正確なところが思い出せないわけだ。一からテントウムシの絵を描かせるのは難しそうだったので、僕がテントウムシの輪郭だけを描いたものをプリントとして配り、そのプリントに背中の模様を描き込んでもらうことにした。

描いてもらった絵を見せてもらう。赤地に黒

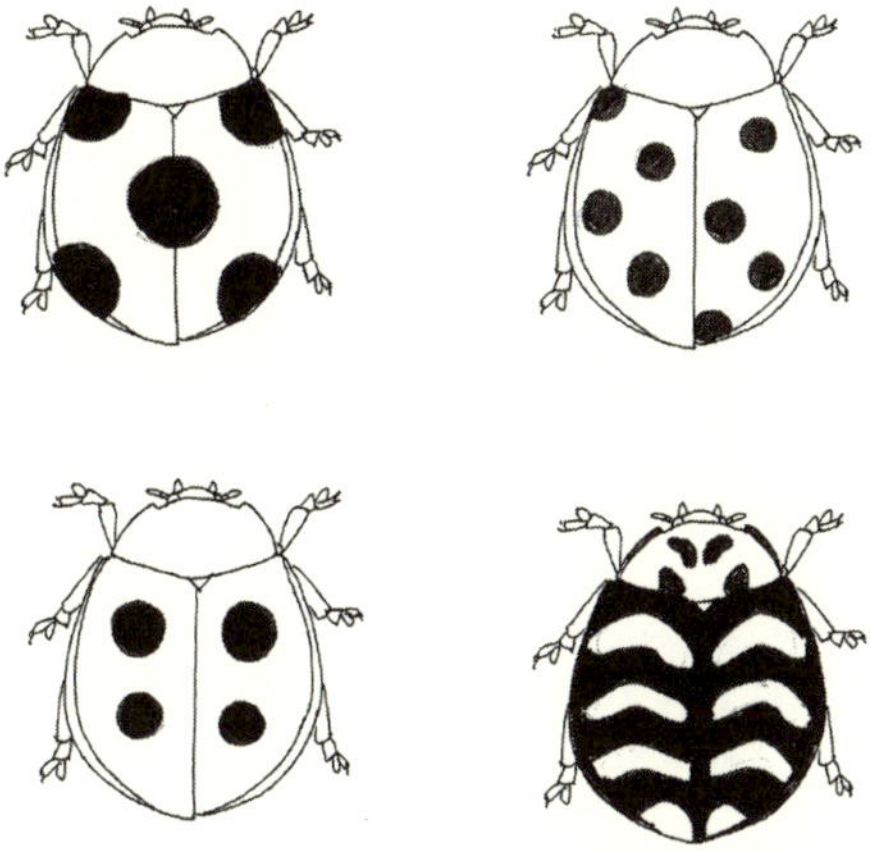

学生たちの描いたテントウムシのホシ。左右非対称のホシをもつテントウムシはいない

いホシのテントウムシの絵もあれば、その逆に、黒地に赤いホシの絵もある。背中のホシの数も数えてみると、表1のようにいろいろ。では、実際のテントウムシはどうなっているだろう?

国内に一八〇種

テントウムシにも種類がある。あたりまえのことを言っているように思うかもしれないが、必ずしもそうとも言えない。

「えーっ、そうなの? テントウムシって、テントウムシ一種類じゃないの?」

学生たちは、こんなことを言ったりする。

ただし、テントウムシに種類があることを知っていたとしても、日本に何種類のテントウムシがいるかを正確に知っている人は少ないと思う。生き物好きを自認する僕でも何種類いるのか正確に知らなかった。

テントウムシ科に属する虫は、日本だけでおよそ一八〇種類もいる。だから、テントウムシの地の色やホシの色は実にバラエティに富んでいる。ホシの数もいろいろなので、大学生たちの描いたテントウムシの絵がバラバラになったのは、ある意味あたっている。

ここまでたびたび比較のために登場してもらっているゴキブリをここでも引き合いに出すと、日本産のゴキブリは現在のところ五二種類(今後、もう少し種類が増えそう)なので、テントウムシはゴキブリよりもずっと種類が多いのだ。

たくさんの種を見分ける際に、テントウムシでは特に注意しなくてはならないのは、テントウムシは同じ種類の中でも、地の色やホシの数に違いがある場合があることだ。地の色が似ていたり、ホシの数が同じだから同じ種類とは限らない。地の色やホシの数が違うから別の種類とも限らない。たとえばナミテントウという種類なら、同じ種類の中に、黒地に赤いホシが二つある「二紋型」、同じく黒字に赤いホシが四つある「四紋型」、黒地にたくさんのホシが散らばる「マダラ型」、赤地に黒いホシが散らばる「紅型」の大きく四つのタイプがある（口絵2）。どのタイプが多いかは地域によっても違い、北日本では紅型が多いけれど、南日本に行くと二紋型が多くなる。またナミテントウはアジア大陸にも棲んでいて、地域によってはほとんど紅型しか見られない地域や、マダラ型がほとんどの地域もある。

ホシの数が違うどころか、ホシがないテントウムシもいる。

沖縄島でいちばん普通に見るテントウムシはダンダラテントウという種類で、このテントウムシの背中の模様は、ホシが散らばるという一般的なテントウムシの模様をしていない。赤い地に、「米」という字のかたちのような黒い筋が入っている模様をしたタイプが一般的なのだ（口絵4）。

ダンダラテントウは那覇の街中でも珍しくないし、それこそ大学構内でも見かけるのだけれど、学生たちの絵には、そんな姿をしたテントウムシは一匹も出てこない。学生たちがテントウムシと聞いて思い浮かべるのは、背中にホシ模様が散らばる虫だ。これも、実態とイメージの乖離を現す例のひとつと言えるだろう。

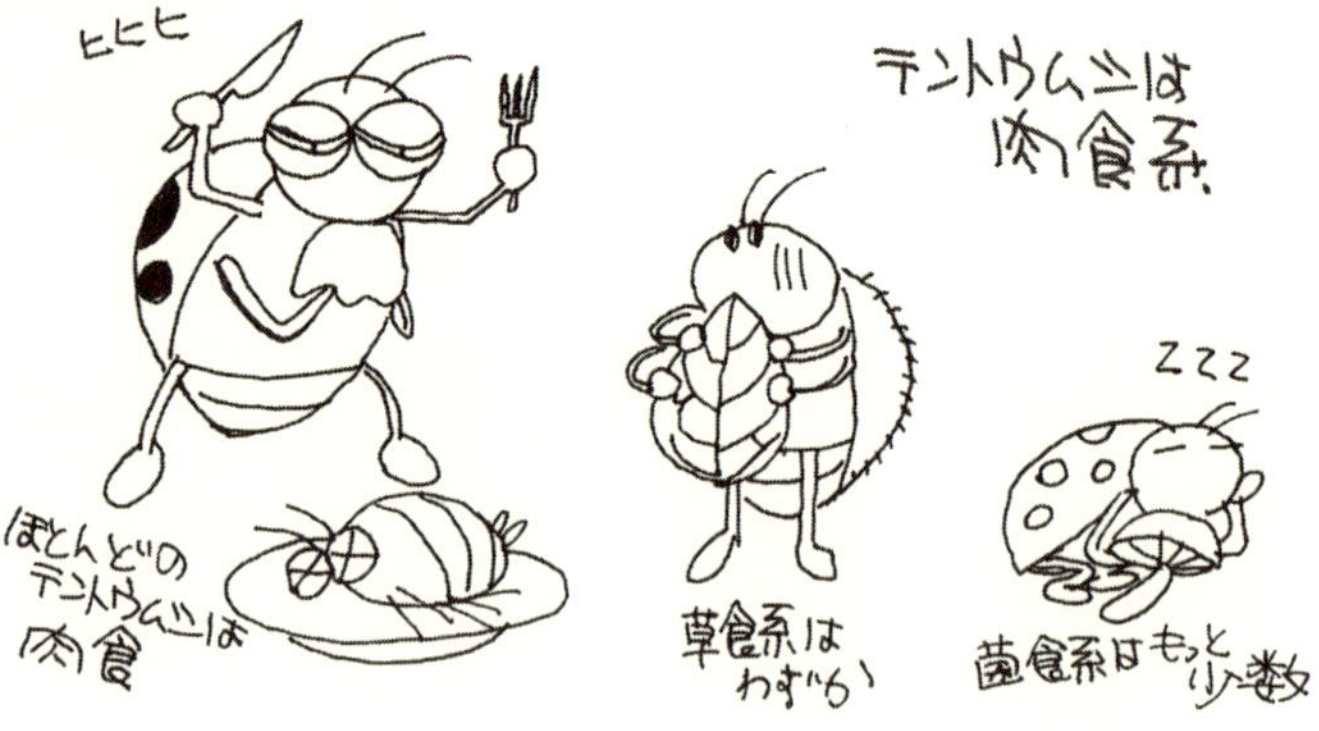

食性と生態

次にテントウムシの食べ物について見ていこう。テントウムシの先祖は、腐った木に棲んで、キノコやカビを食べるような夜行性の虫だったと考えられている。そこから、日なたに出てきて、アブラムシやカイガラムシを食べるようになったのが、テントウムシだ。そのため、テントウムシの中で、アブラムシなど、ほかの小さな虫を食べるものがいちばん多い。ところが、小さな虫を食べるテントウムシの中から、もう一度カビを食べるものに戻ったり、あらたに植物の葉っぱを食べるものが現れたと考えられている。カビを食べるテントウムシの仲間は日本には四種類ほどいる。また、葉っぱを食べるテントウムシの仲間は日本には一〇種類ほどいる。つまり、その残りのほとんどが、虫を食べるテントウムシなのだ。

先に日本産のテントウムシは一八〇種類にもなる……と書いた。そのわりには、ふだん暮らしているときに、いろいろなテントウムシを見ることがないとは思わないだろうか？

もちろん、テントウムシは互いに似ているので、別の種類を見ても、見分けがついていないのかもしれない。しかし、もうひとつ別の理由もある。それは一八〇種類のテントウムシのうち、多くの種類は体長が数ミリしかない小さなテントウムシなのだ。ヒメテントウと呼ばれるとても小さなテントウムシの仲間に多くの種類があるというわけ。テントウムシはみな、テントウムシ科に属している昆虫なのだが、テントウムシ科は次のようにいくつかの亜科に分けられている（表2）。

表2の中でもナナホシテントウやニジュウヤホシテントウはもっとも名前の知られているテントウムシだろう。つまり、テントウムシ亜科か、マダラテントウ亜科のテントウムシは、テントウムシと聞いたときに頭に思い浮かぶテントウムシたちのことだ。

一方、メツブテントウ亜科やヒメテントウ亜科のテントウムシといった、あまりなじみのないテントウムシの仲間は、ほとんどが体長数ミリの、

表2 テントウムシの亜科(全6亜科)

メツブテントウ亜科	
	クロヘリメツブテントウ、メツブテントウなど
ヒメテントウ亜科	
	コクロヒメテントウ、アトホシヒメテントウ、アミダテントウなど
クチビルテントウ亜科	
	モンクチビルテントウ、アカホシテントウなど
アラメテントウ亜科	
	ベダリアテントウ、ダイダイテントウなど
テントウムシ亜科	
	カメノコテントウ、ナナホシテントウ、ナミテントウ、クリサキテントウ、ダンダラテントウ、ハイイロテントウ、オオテントウなど
マダラテントウ亜科	
	ニジュウヤホシテントウなど

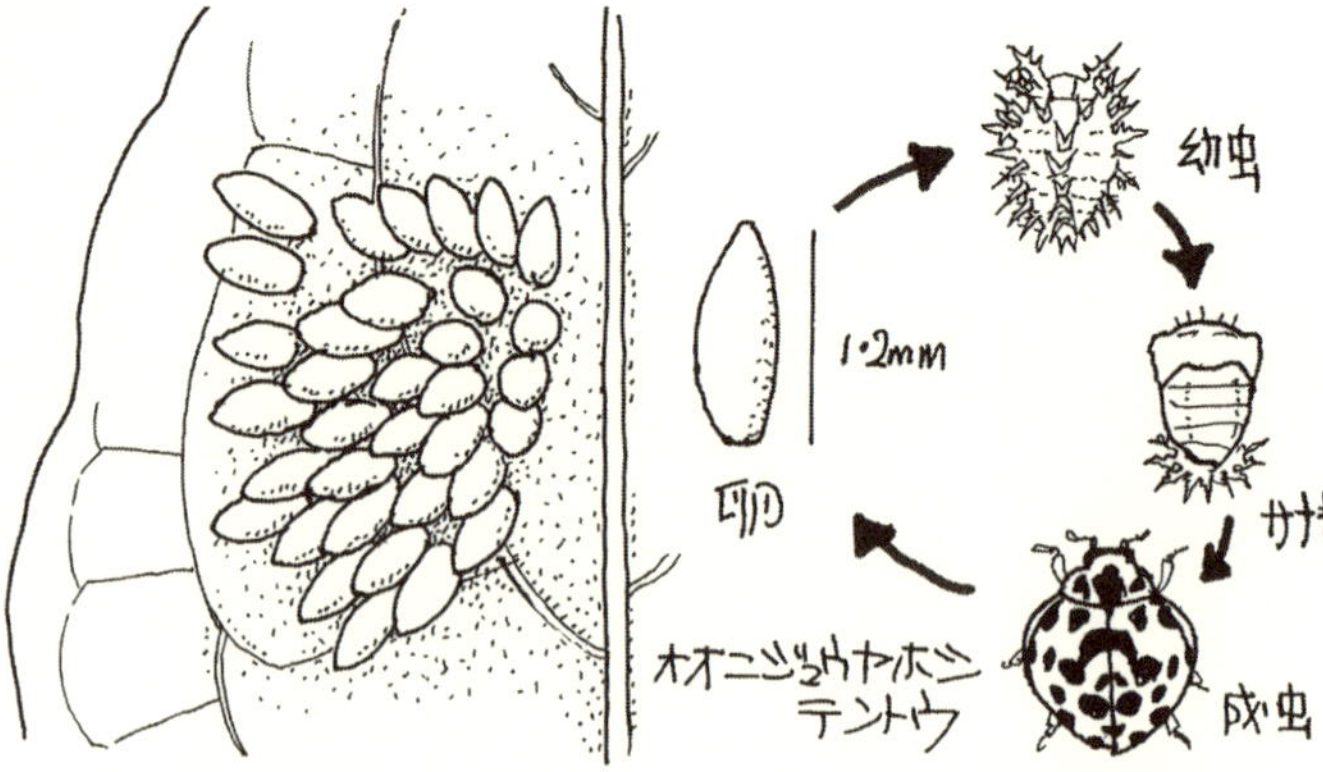

テントウムシの一生。卵(左)から、幼虫→サナギ→成虫に成長する

目の前にいたとしても気づかないようなものたちである。ところが、この目立たない二つの亜科のテントウムシを合わせただけで種類数は一〇〇種にもなる。

学生たちのあいだで議論になったテントウムシの一生についても、少しお話ししよう。

昆虫類はもともと、翅のない生き物だった。やがて翅を発達させた昆虫類は大繁栄を遂げることになる。昆虫類は翅のつくりによって、「旧翅類」(翅が腹部を覆うようにたためない。トンボやカゲロウなど)と「新翅類」(翅が腹部を覆うようにたためる、そのほかの昆虫)にまず分けられる。

さらに成長過程などから、新翅類はサナギの時期を持たない「直翅系昆虫類」(バッタ、カマキリ、ゴキブリなど)および「準新翅類」(シラミ、セミなど)と、サナギの時期を持つ「完全変態類」(カブトムシ、チョウ、カ、ハチなど)に分けられている。

カブトムシとテントウムシは、ともに「甲虫目」であり、甲虫目は完全変態類の一員だ。カブトムシは卵からイモムシ型の幼虫が孵化して何度か脱皮を重ねた後、サナギになり、そのあと成虫として羽化してくるのは、よく知られている。つまりテントウムシもカブトムシと同じ仲間なので、同様な一生を送るということになる。

テントウムシの幼虫には種類によっていろいろな形がある（口絵9）。テントウムシの研究者だった佐々治寛之さんは、日本産のテントウムシの幼虫を全部で八つのタイプに分けている。しかし、大まかにグループ分けすると、ふだん見かけるテントウムシの幼虫には二タイプあるという理解でいいと思う。二タイプのうちひとつは脚が長く肉食の幼虫で、「ワニ型」とでも名付けることのできるタイプ。もうひとつは背中にたくさんのトゲが林立している、「トゲ怪獣型」とでも名付けられるタイプだ。トゲ怪獣型の幼虫は、葉を食べて暮らしている種類によく見られる。

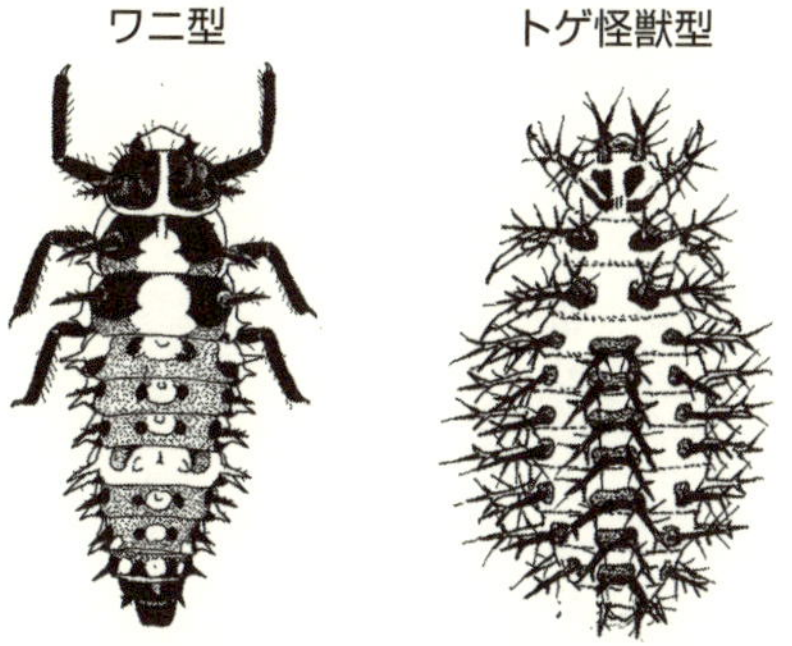

テントウムシの幼虫は、大きく分けて２タイプ。ワニ型（左）とトゲ怪獣型（右）

たまたま、幼虫がトゲ怪獣型の、アカホシテントウのサナギを見つけたので、持ち帰り、学生に見せてみたことがある（このテントウムシは、トゲ怪獣型の幼虫だが、葉ではなく、カイガラムシを食べる）。

「ヤバイ、これ」

「えーっ、ショック。気持ち悪い」

こんな反応が返ってきた。確かにアカホシテントウのサナギは、脱皮した後のトゲトゲの幼虫のヌケガラを被っているので、かなり奇妙な姿に見えるものだ。

「テントウムシにも卵ってあるのかな?」

ヒカルとチヒロは二人してそんなことも言い合っていた。そこで、二人に実物のテントウムシの卵を見てもらったのだが、同じように「気持ち悪い!」という感想が返ってきた。見てもらったのは、ニジュウヤホシテントウの卵だ。テントウムシは細長い卵を塊にして産みつける。僕が学生に見せた卵塊には四四個の卵がくっつきあっていた。ニジュウヤホシテントウは卵から孵化したあと、三回皮を脱いで四齢幼虫となり、この幼虫が脱皮をしてサナギになり、やがて成虫が羽化する。

学生たちはテントウムシの幼虫やサナギを見ると「気持ち悪い」という。僕は、そう思うこと自体は構わないと思う。気持ち悪いと思うかどうかは個人の感性の問題だからだ。でも、たとえばテントウムシの実体を知るうちに、学生たちが「気持ち悪いけど、面白い」と思ってくれたらいいなと思っている。

虫屋の師匠

小学校低学年の子どもたちは虫が好きな子が多いのに、大人は虫などに見向きもしないことがほとんどだ。皆、いつか、虫への興味を無くしていく。それが大人になる……ということかもしれない。

それからすると、大人になっても虫好きのままの人間は、どこか成長し損ねた人間ということになるだろうか。少なくとも、僕は小学校の高学年以降、周囲の同級生たちと見比べて、自分のことをそんなふうに思っていた。

一方。大人になっても虫が好きなままであるのにもかかわらず、僕と異なり、後ろめたさなど、微塵も感じていないかのごとくふるまう友人もいる。それが、僕より一〇歳ほど年下のスギモト君だ。スギモト君は、たいてい同じ格好をしている。スギモト君のいでたちは、黒っぽいシャツにジーンズ、足元はサンダルといったあんばいである。やせた長身。肩まで伸びる長い髪は、一部分、金髪になっていたりする。よく見ると片方の眉毛だけそり落とされているのが異質だ。僕にとって、虫の師匠にあたるのがこのスギモト君だ。

スギモト君は兵庫県の神戸の街中出身である。小さな頃から虫が好きだったと言うスギモト君は、地元の高校卒業後、虫がたくさんいるからという理由で何度も沖縄にやってくるようになり、やがて沖縄に移り住んでしまった。現在は環境調査の仕事をしていて、仕事として、虫を採集している。それなのに、週末になると、今度はプライベートで虫を見に行ったりする。そんなスギモト君が僕とまったく立ち位置が異なっているなと、気付かされたエピソードがあるのでひとつ紹介したい。

みなさんは、生まれて初めて見た虫がなんだったか、覚えているだろうか？　虫好きなはずの僕も、それがなんであったかは覚えていない。しかし、スギモト君は、生まれて初めて見た虫のことを覚えているという。

「僕が生まれて初めて見た虫は、一歳になる前に見た、タマムシです」

スギモト君は、こんなふうに話すのである。

一歳になる前の記憶が残っているって、どうなっているのだろうか。この、スギモト君の「生まれて最初に見た虫の記憶」について考えてみた。子どもは誰しも虫が好きなものだが、どうやらスギモト君は、生まれつき虫に特別の興味をひかれた珍しい人なのではないか。それでも、さすがのスギモト君にしても、一歳の頃に見た虫を、ずっと後になって思い出そうとしたら、きっと忘れてしまっていただろう。スギモト君は、たまたま生まれつき虫に特別の興味を持っていた。だから、二歳のときも、三歳のときも、四歳になっても……と、何回も、最初に見たタマムシのことを思い出したのだろうと思う。それで、現在になっても、一歳の時に見たタマムシのことを覚えているというわけだろう。これはスギモト君という特別に虫が好きな人のエピソードなわけだが、このエピソードからもう少し普遍的なことが掴み取れるようにも思う。

なにも「生まれて最初に見た虫の記憶」に、話を限る必要はない。スギモト君は、最初に出会ったタマムシ以外の虫についても、たとえば「幼稚園のイモ掘りのときにふだん見ないような大きなコオロギがいて、これがイモよりもずっと嬉しかったですね。これがエンマコオロギとの出会いです」といったように、事細かな記憶を保持している。つまり、日常出会った虫のことも細大漏らさず何度も記憶を呼び戻し、その記憶を強化している人がいるということなのだ。簡単に言えば、四六時中、虫のことを考えているわけだ。スギモト君のような人はそこいらじゅうにいるわけではないものの、かといって、日本中でスギモト君一人しかいないかというと、そんなことはない。四六時中（程度の差はあるが）、虫のことを考えている人は、「虫屋」と呼ばれている。

ひるがえって僕は、虫のことに限らず、記憶力がひどく悪い。初対面の人と会ったと思ったときも、とりあえず「初めまして」とは言わないようにしているぐらいである（実は初対面ではなかったという失敗を重ねたため）。僕は高校生のときの記憶さえかなりあいまいで、小学生のころの記憶は、ほとんどないといってもかまわないほどだ。

先日、実家に戻ったときに母親と話をしていたら、「お前が小学一年生のとき、学校の先生がお前のことを心配していたんだよ」と言われた。もちろん、記憶にはまったくない。

そこで、何で心配されていたの？　と聞いてみた。すると、「授業中、外ばっかりぼーっとながめている子だから、バカじゃないかと心配してたんだって」とのこと（昔の先生はずいぶんとまあ、はっきりとものを言ったものだ）。ただ、その後、授業の中で金魚の絵が出てきたときに、僕がその金魚はおかしい（腹ビレというヒレがついていない）という指摘をしたのだという話が続いた。それで、先生も、「この子はバカじゃないと思った」と言ったのだそうだ。うーん、言われてみれば今でもぼーっとしていて、電車を乗り過ごすことがあるけれど、子どもの頃の自分と比べると、今の自分は、もう少し普通っぽくなってしまっている（つまりは、僕は若干、成長しているということか）。

小学生の子どもたちと話をしていると、将来の夢は「昆虫ハカセになりたい」と思っている子に時々出会う。虫にとっても詳しい謎の大人。それが子どもたちのイメージしている「昆虫ハカセ」だ。結局、スギモト君こそ、子どもたちの言う、昆虫ハカセそのものだろう。もちろん、ハカセとカタカナ書きにしているのは、博士号という学位があるかどうかが問題ではないからだ。重ねて書くと、僕は昆虫博士でも昆虫ハカセでもなく、昆虫ハカセの弟子なのだ。

虫屋の生態

さて、スギモト君に代表される虫屋というのは、どうも特別な言葉を使っている。たとえば、スギモト君の話の中には「この虫はカッコイイ」とか「これは、いい虫です」という言葉がときどき出てくる。「カッコイイ」という言葉は、誰でも使う言葉のように思えるかもしれない。しかし、普通の人が使う「カッコイイ」と、虫屋が虫に対して使う「カッコイイ」という言葉には、使い方に微妙に違いがある。

実は虫屋にも、苦手な虫がいたり、興味のない虫がいたりする。つまり、虫屋だからといって虫がみんな好きなわけではない。実は虫について、細かなえこひいきをする人が虫屋だ。だからたいていの虫屋には一番好きな虫というものがある。また、虫屋によって、その一番好きな虫が何かということは違っている。たとえば、スギモト君が一番好きな虫はカマドウマだ。

カマドウマは、俗にベンジョコオロギと呼ばれたりもする。カマドウマはおせじにもチョウのようにはキレイな虫とは言えないし、カブトムシのように角があるわけでもなく、コオロギのように鳴くわけでもない。家の中に出てくることもあるようなごく普通の虫なので、見つけてもうれしくもない。逆に、あっちこっちにぴんぴん跳ねるのがイヤだとか、なんだか気持ちが悪いかっこうをしているとか、どちらかというと、「キライな虫」として名前があがるものだろう。生き物が好きな人のなかにさえ、カマドウマだけはイヤという人がいるほどだ。それでも、そんな虫をスギモト君は自分が一番好きな虫として、誉める……いや、誉めちぎることができる。

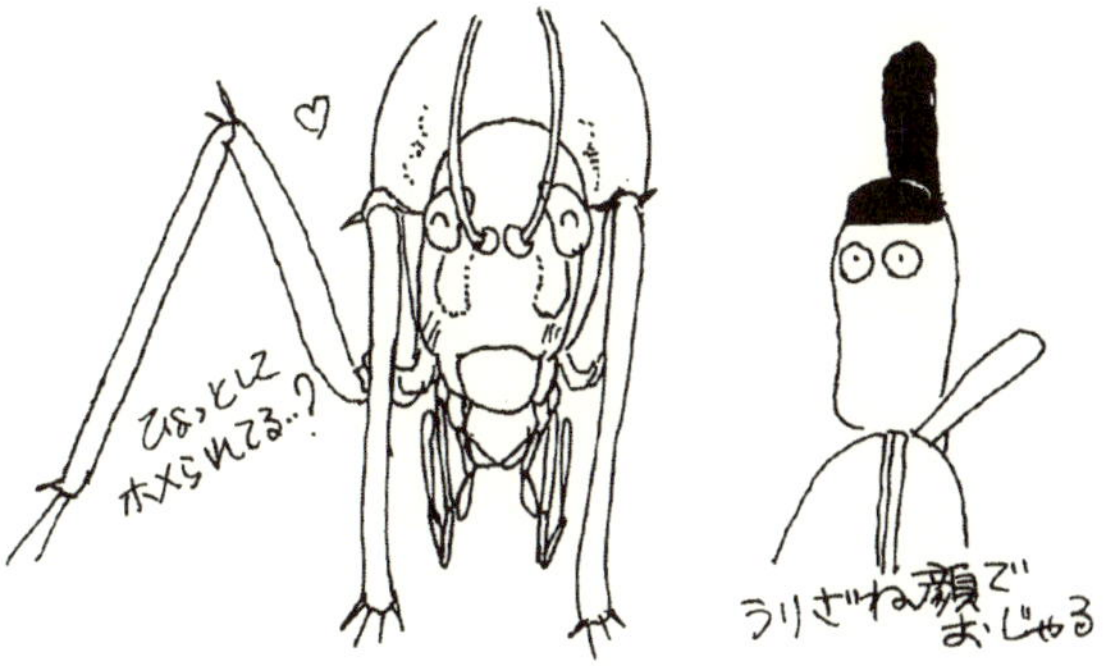

「僕は猫背の虫が好きなんです。胴体に対して、顔が下向きについているのもいいところですね。カマドウマに比べたら、クワガタなんて、顔が胴体に対してまっすぐに伸びていて、つまらない虫です」

このスギモト君のカマドウマ評に、虫屋的な虫の見方がよく表れている。

カブトムシやクワガタが「カッコイイ」のはあたりまえなのだ。そのあたりまえを越えられることこそ、自分が虫屋であることの証明になる……それが、虫屋的な虫の見方だ。みんなが「カッコイイ」と思うものではなくて、「この虫のこの部分を、自分はカッコイイと思う」というのを見つけることこそが、虫屋がめざしていることなのだ。

さらに、その見方を他の人に話してみて、他の人がなるほどなと思えば、自分の見方の正しさが証明されたことになる。つまり、虫屋は常にあらたな「カッコイイ」虫を発見することに全力をあげている。だからうかつに虫屋に向かって「カッコイイ」虫の話を聞くと、その虫屋にとって「カッコイイ」と思う虫の話をえんえんと聞かされることにもなりかねない。

「カマドウマはいいですよ。つぶらなヒトミでしょう、うりざね顔でしょう、それに長い触角があって……」

スギモト君もカマドウマについて際限なく話すことができる。これはスギモト君の特技のひとつといってもいい。スギモト君の話を聞いていると、カマドウマを捕まえたくなってしまうほどだ（少なくとも、僕はそんなふうに思うようになってしまった）。

珍虫と駄虫

もう少し、虫屋的な虫の見方について見ておきたい。虫屋によって好きな虫には違いがあるが、総体的に虫屋は珍虫には目がない。珍虫というのがどのような虫であるかについて、はっきりしたきまりはないが、簡単に言えば探しても容易に見つからない虫が珍虫ということになる。ちなみに小学生に「好きな虫」を聞くと必ずといっていいほど名があがるカブトムシは、本土の夏の雑木林に行けば、決して珍しい虫ではない。そのためカブトムシは、虫屋からしたら珍虫どころか駄虫（普通の虫）ということになる。

さて、虫屋的な虫の見方についていくつか紹介してきた。では、テントウムシは虫屋にはどのように見える虫なのだろう。カマドウマを知らない人はいても、テントウムシを知らない人はいない。ところが、虫屋の中ではカマドウマはともあれ、テントウムシも人気がない虫なのだとスギモト君がいうので驚かされた。

なぜ？

まず、一般的な種類のテントウムシは、いるところには普通にいる。一口で言うと、テントウムシは駄虫なのだ。そのほかにも、テントウムシが虫屋に人気がない理由がまだあると、スギモト君は言う。

「テントウムシは甲虫のくせに、翅があんまり硬くないでしょう。標本にすると、色が変わったり、形が変わったりして、ガッカリしてしまうんです」

きれいな標本にできるかどうかも、虫屋的な虫の見方のひとつと言える。

虫屋はせっせと虫の標本を作る。虫屋によって、コレクション欲の強い人もいるし、そうではない人もいるものの、基本的に虫屋は捕った虫を標本にして保存する。

しかし、虫の中には標本になりにくい虫というものがある。スギモト君が好きなカマドウマも、そのひとつだ。体が柔らかいので、標本にすると体色だけでなく、体つきまで変形してしまう。カマドウマの標本の場合は、よほど上手に作らないと（いや、上手に作っても）、生前の姿とは別のしろものに変化してしまう。そして、テントウムシも同様なのだ。

それに対して、ゴキブリは標本にしてもあまり色や形が変わらない。そのためゴキブリは案外、虫屋には人気がある。実際、昆虫標本販売のイベント（インセクトフェアと呼ばれる）を覗きに行ったら、テントウムシの標本は、外国産のものでもせいぜい一〇〇円ちょっとで、外国産のゴキブリの標本は種類によって数千円もの値札がついて売られていた。

「僕はテントウムシの種類、長いあいだ見分けられませんでしたよ」

スギモト君がこんなことを言うので、また驚いてしまう。先に書いたように、テントウムシは同じ種類でも斑紋に変異があったり、違った種類でも似通った斑紋をもつものがあったりする。そうしたことから、虫屋のスギモト君でさえ、テントウムシの種類の判別に苦労をしたということなのだ。

テントウムシは一般には人気のある虫だ。しかし、生徒や学生たちは、そんなテントウムシに幼虫やサナギの時期があることさえ知らなかったりする。一方、できる限りの時間、虫を追いかけることに費やしたいと願う虫屋にとっても、テントウムシは視野の外に置かれがちだというわけなのだ。

テントウムシ、なんだか面白いではないか。僕はスギモト君の話を聞いて、逆にそう思ってしまった。

身近な街の虫

もうひとつ、テントウムシを追いかけるようになった理由がある。それは、テントウムシは街中でも見ることができる虫だということだ。

僕は千葉の田舎町に生まれ育ち、埼玉の雑木林に囲まれた学校で教員生活を送ってきたのだが、今、僕が住んでいるのは、プロローグに書いたように、那覇市の街中のマンションだ。僕の家の近所には、林なんて見当たらない。毎日目にするのは、ビルと車と街路樹ばかりだ。

沖縄島南部は古くから人間による開発の影響を受けた土地だ。加えて戦禍によって焼野原となった過去があり、その後、半ば無秩序に開発が行われてしまった。また、繰り返される台風被害から、家屋とその周囲が徹底的にコンクリートで固められるようにもなっている。結果として那覇は、東京や大阪よりも緑地が少ないのではないかと思えるほど都市化が進んでいる街だ。南の島沖縄で暮らしているといっても、ふだんの僕の暮らしの実体は街中暮らしだ。

街中暮らしでは虫に出会うことはそうない。これは虫好きの人間にとっては、結構なストレスの元になる。ただ、那覇に住むようになり、逆に興味をもつようになった虫がいる。それが、一見、自然が貧弱な街の中でも暮らすことのできる虫たちだ。

僕の大学の学生は、約九割以上が沖縄県内出身者で占められている。そのうちのほとんどが、那覇を中心とした沖縄島中南部出身者だ。つまり、僕がいつも相手をしているのは、虫ギライなだけでなく、なかなか虫に出会うことのない環境に住んでいる学生たち。しかし、街中でもまったく虫がいないわけではない。

珍虫を探して歩くのが虫屋としての王道だと思うのだけど、虫好きの理科教員としては、生徒や学生たちにとって、一番身近に存在しうる虫のことを見逃すわけにはいかない。そんな街暮らしを送る虫のひとつに、テントウムシがいる。街の中から、テントウムシの追跡が始まった。

2章　幻のテントウムシを探せ

街のテントウムシ

沖縄暮らしが長くなると、いろんなことが沖縄基準になってくる。たとえば一年目の冬はあまり寒さを感じなかった。ところが年数が過ぎるとだんだん沖縄の冬が寒く感じるようになる。具体的に言うと、埼玉から持ってきたこたつに布団をかぶせ、電気を入れるようになった。しかも、電気をつけている期間も最初のうちは一週間ほどだったのが、年々、長くなっていく……。今や気温が二〇度を下回るだけで「寒い」と思ってしまうほど。

一方で、沖縄で生まれ育ったわけではないから、ふとした機会にまだ自分の知らなかった沖縄の常識のようなものに出会って、「そうなんだー」と驚かされたりする。

たとえば、学生たちに模擬授業を考えさせたときのこと。ちょうど正月明けの授業だったので、授業の導入には「お正月に何を食べたかな？」といったやりとりが組み込まれていた。そんな教員役の学生の投げかけに、「餅」とともに「中身汁《なかみじる》」という返答が返される。このやり取りを聞いて、ああなるほどと思う。正月。沖縄では中身汁というブタの腸の入ったすまし汁を食べる風習がある。一方で雑煮を食べる風習はない。僕は大学の教員になって、自分のゼミ生と会話をしていて、沖縄の学生は雑煮を食べたことがないということを初めて知ってえらくびっくりしてしまった（結局、雑煮を作ってふるまうことになってしまった）。激しい地上戦後、アメリカに占領され、その施政下に置かれた歴史のある沖縄では、その歴史が思わぬところに隠れていたりもする。これもゼミ生と会話をしていたら、「子どもの頃、風邪をひくと、おばあが薬代わりに枕元にコーラを置いていった」という話が出てきて、これにもびっくりした。

こうした違いは、生き物の世界でも同様だ。沖縄島は街中も含めて、一番普通に見かけるテントウムシといったら、ダンダラテントウだ（口絵4）。でも、同じ街中といっても、本土に行けば、見つかるテントウムシの種類は変わってくる。

沖縄に引っ越して、九年がたった、五月。それはちょうどテントウムシに興味を持ち始めたころ。五月と言えば、虫を見るのにはいい季節だ。ところが、こんなときに、どうしても東京に行く用事ができてしまう。普段は都会暮らしだから、こんなときこそ森の中に入りたいのに……。でも、ガッカリしているだけでは、もったいない。東京に行かなくてはならないなら、東京で虫を見てみようと思う。同じ街中とはいっても、那覇とはまた違った虫たちが見られるはずだ。その中には、テントウムシもいるだろうか？　それまで東京の街中での虫捕りを企てたこともなければ、テントウムシをメインのターゲットにしたという虫捕りもしたことがないので、二重の意味で新鮮な思いがする。

ひそかに「東京テントウムシ探検」と名づけた一日が始まった。

五月、東京で虫探し

東京、池袋。さすがにビル街からは少しはずれて、緑の多そうな場所を探すことにする。メインストリートからわき道にそれて五分ほどで、古いお寺が建った一角に行き着く。さらに足を伸ばすと、墓石の間にたくさんの木々の植えられた緑豊かな墓地にたどり着いた。天気のよい休日。お墓参りの人に混じって虫探し。いるいる。街中にも、虫は結構いる。

お墓の周りを、チョウが飛んでいる。それもアゲハチョウ、クロアゲハ、コミスジやモンシロチョウ、ツマグロヒョウモンと、何種類もいる。枯れ枝に穴を掘って巣を作るクマバチの姿もある。墓地に植えられているケヤキの葉を食べていたのは、小さな甲虫のニレハムシだ。柵にからんだヤブガラシの葉には、別の種類の小さな甲虫がいる。同じくハムシの仲間のドウガネサルハムシだ。ハムシの仲間は、小さいものが多いけれど、じっくり見るとなかなか個性的な姿や色をしたものが多い。見かけた虫の名前をノートにチェックし、これは、と思った虫は捕まえていくことにする。

ふと気づくと、目の前をカミキリムシが飛んでいた。いそいで手ではたきおとして捕まえた。カミキリムシは虫屋に人気の甲虫だ。実は僕自身も少年時代、カミキリムシが一番好きな虫だった時期がある。このカミキリムシは、後で名前を調べたらツヤケシハナカミキリだった。

さて、メインのターゲットはテントウムシだ。都会に、どんなテントウムシが棲んでいるかは、実際に探してみるまでさっぱり知らなかった。そもそも予想どおり、街中でもテントウムシは見つかるのだろうか?

最初に目に入ったのは、民家の生垣にいたテントウムシだ。黒地に赤いホシが二つついているテントウムシだ。ひとまわり以上小さくて、黒地にホシというより、三日月みたいな細い模様の入ったテントウムシもいた。明るい茶色の地に、黒いホシがたくさんついているテントウムシや、黄土色の地に、白いホシのテントウムシもいる。カシワの葉の上に止まっていたのは、翅がまっ黄色のテントウムシ。ヒイラギには、黒地に赤いホシが二つの、ずいぶんと小さなテントウムシがついていた。

こんなふうに、探してみると、テントウムシは次々に見つかった。あれっ？　と思うことにも気づくことになる。

僕が東京で見つけたテントウムシは、捕っているときは、何種類のテントウムシを捕ったのか、はっきりとわからなかった。何種類のテントウムシを採集したのかはっきりとわかったのは、自宅に戻って、採集品をゆっくり観察してからのことになる。

虫捕りの作法

東京テントウムシ探検で捕まえてきたテントウムシを標本にする。標本作りを一口で言うと、虫を「捕って、殺して、干す」という作業になる。ちょっと残酷な感じもするかもしれないが、この、虫を捕って、殺して、干すという標本作りは、虫をきちんと見ていくうえではやはり大切なことだ。だから細かく言うと、「捕り方」にも「殺し方」にも「干し方」にも、細かな作法のようなものがある。

捕り方についていうと、たとえば沖縄でカマドウマを採集する場合、スギモト君は日暮れ時に墓場の前で一人カマドウマが墓の隙間から出てくるのを待っていた……という採集方法を実行した話を聞いたことがある。幽霊が苦手な人にはお勧めできない採集方法だろう。が、テントウムシの場合なら、さほど特殊な捕り方は必要ない。虫捕りには捕虫網という専門の網を使うが、相手がテントウムシなら、必ずしも捕虫網を使わなくてもいい。ビニール袋をいくつもポケットにつめ込んでいれば、それでたいていことがたりてしまう。

虫を標本にするには、虫を殺さなくてはいけない。虫の殺し方にもいろいろある。たとえばチョウ屋は、チョウを網で捕まえたら、すぐに網の上から胸を指で押しつぶして殺し三角紙と呼ばれる紙に包んで持ち帰る。ところが、同じチョウ目の虫でもガを専門に扱うガ屋からすると、チョウ屋は「変」なのだそうだ。ガ屋からすると、チョウ屋は毒ビンを持っていないのが「変な感じ」がするという。毒ビンというのは、その名のとおり、毒の入ったビンだ。夜、林道わきなどで、灯りをつけて幕を張ると灯りにひかれてガがたくさん集まってくる。この集まったガのうち、これぞと思うガの上に、毒ビンをそっとかぶせると、毒がきいてガは麻痺する。このガを取り出して三角紙に包んで持ち帰るのがガ屋の作法なわけだ（ビンに入らないような大型のガの場合は、胸部に直接アンモニア注射をしてガを殺す）。

テントウムシやその他の甲虫を採集する甲虫屋が使うのも毒ビンだ。ただし、ガ屋に言わせると、甲虫屋もまた「変」ということになる。

「甲虫屋を見るとびっくりするよ。だって、甲虫屋は、甲虫を見つけると手でつかんで毒ビンに放り込むから……」

ガ屋はこんなふうに言ったりする。ガの場合は、手でつまんだりすると翅の鱗粉が取れてしまい汚い標本になってしまうため、毒ビンはあくまでそっと虫にかぶせる作法が必要とされるわけなのだ。

甲虫の場合、一般的に毒としては酢酸エチルが使われる。酢酸エチルを使うと死んだあと脚などの関節が硬直しないので、標本として整形するのに便利なのだ。ただし、酢酸エチルは、虫によっては体色を変色させてしまう場合がある。

「テントウムシは酢エチ（酢酸エチルの略）で絞めると色がくすむので、亜硫酸ガスで絞めたほうがいいです。肉食の虫は他のもそうですね。ゲンゴロウやオサムシがそうです」

これは、本格的な甲虫屋の弁である。僕はまだ、亜硫酸ガスでテントウムシを絞める……といった本格的な殺し方はやったことがない。ちなみに酢酸エチルは一〇〇円ショップの除光液の成分に入っている場合があるので、入手が楽だ。もっとお手軽に標本を作りたいという場合は、冷凍庫にしばらく入れてしまうというのが、一番、手軽と言えば手軽な方法と言える。

さて、死んでしまったテントウムシは、脚や触角を縮めてしまう。標本は、脚や触角が伸びた状態がいいわけだが、体が丸っこいテントウムシの脚や触角を伸ばすのは、けっこう難しい。しかし、似たような色、形をしているテントウムシも、触角の形を見比べると、ちゃんとした名前がわかったりするので、この作業は必須だ。小さな体のテントウムシの脚や触角を伸ばすのには、実体顕微鏡を覗きながらのほうがやりやすい。本書で描いたテントウムシの絵は、実体顕微鏡を使って拡大して見たテントウムシを描いたものだ。

東京のテントウムシ

「東京テントウムシ探検」で捕まえたテントウムシの標本を、一つひとつ、じっくりと観察して、種類を見分けていくことにする。

僕が東京・池袋の街中で、真っ先に見つけたのは、ナミテントウ（口絵2）だった。生垣で見つけた、黒地に赤いホシが二つあるテントウムシが、それだ（ナミテントウの二紋型）。おそらくテントウムシの中で最も有名なのは、背中に七つのホシを背負っているナナホシテントウ（口絵7）だろう。しかし、テントウムシの中で一番、普通に見ることができるテントウムシがナナホシテントウかというと、そんなことはない。

ナナホシテントウは、どの個体もみな、背中に七つのホシを背負っているので、識別が大変に楽なテントウムシだ。ところが、ナミテントウの場合は、同じ種類でも背中の模様はさまざまなので、それがナミテントウかどうかきちんと見分ける必要に迫られる。僕が教員をしていた埼玉の学校の雑木林周辺では、いちばん普通に見られるナミテントウの模様は、二紋型だった。東京テントウムシ探検でも、このタイプのナミテントウをいちばん多く見ることができた。

東京テントウムシ探検中、「あれっ？」と思うことに気づく。ナミテントウの二紋型によく似ているものの、一回り小さいテントウムシがいたのだ。ナミテントウの二紋型と同じく、黒地に赤いホシがある。けれども、赤いホシがずいぶんと細長くなっていて、ホシというよりは三日月に見えるのが特徴だ。

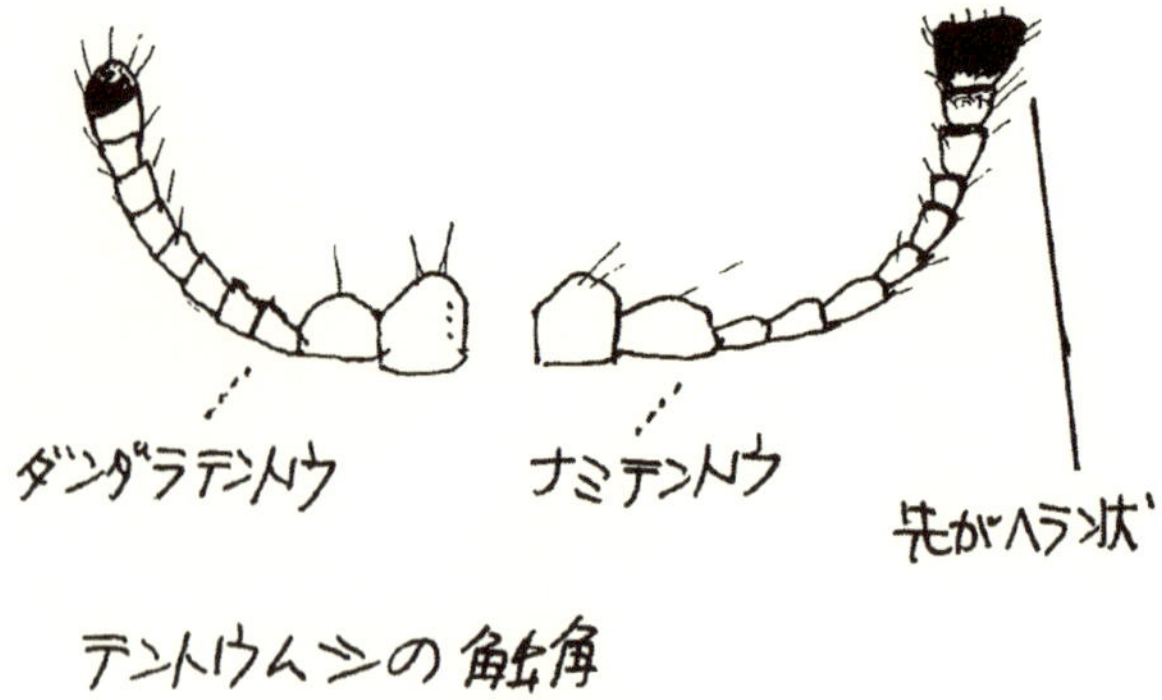

テントウムシの触角は、種を見分けるポイント

このテントウムシは、持ち帰ってよく見るまで、正体がはっきりとわからなかった。細かな特徴を調べて、ようやく名前がはっきりする。実体顕微鏡で見てみると、ナミテントウとは触角の形が違っていた。ナミテントウの触角よりもずっと短く、先端がやや膨らんでいるのだ。こうした触角の特徴を持つテントウムシはダンダラテントウだ（上図）。「気にしていないと、見えてこないことがある」と、思わされる。

ダンダラテントウは沖縄でもっとも普通のテントウムシだった。沖縄にもナナホシテントウはいる。ただし、街中ではあまり見かける機会がない。また、本土で普通に見かけるナミテントウは、沖縄には分布していない。

もっとも、僕もダンダラテントウの名前を知り、ダンダラテントウを身近な虫として認識するようになったのは沖縄に引っ越してからのこと。ところが、実は東京にもダンダラテントウはいる。それも東京テントウムシ探検をしてみたら、ダンダラテントウはナミテントウの次に見かける普通種だった。

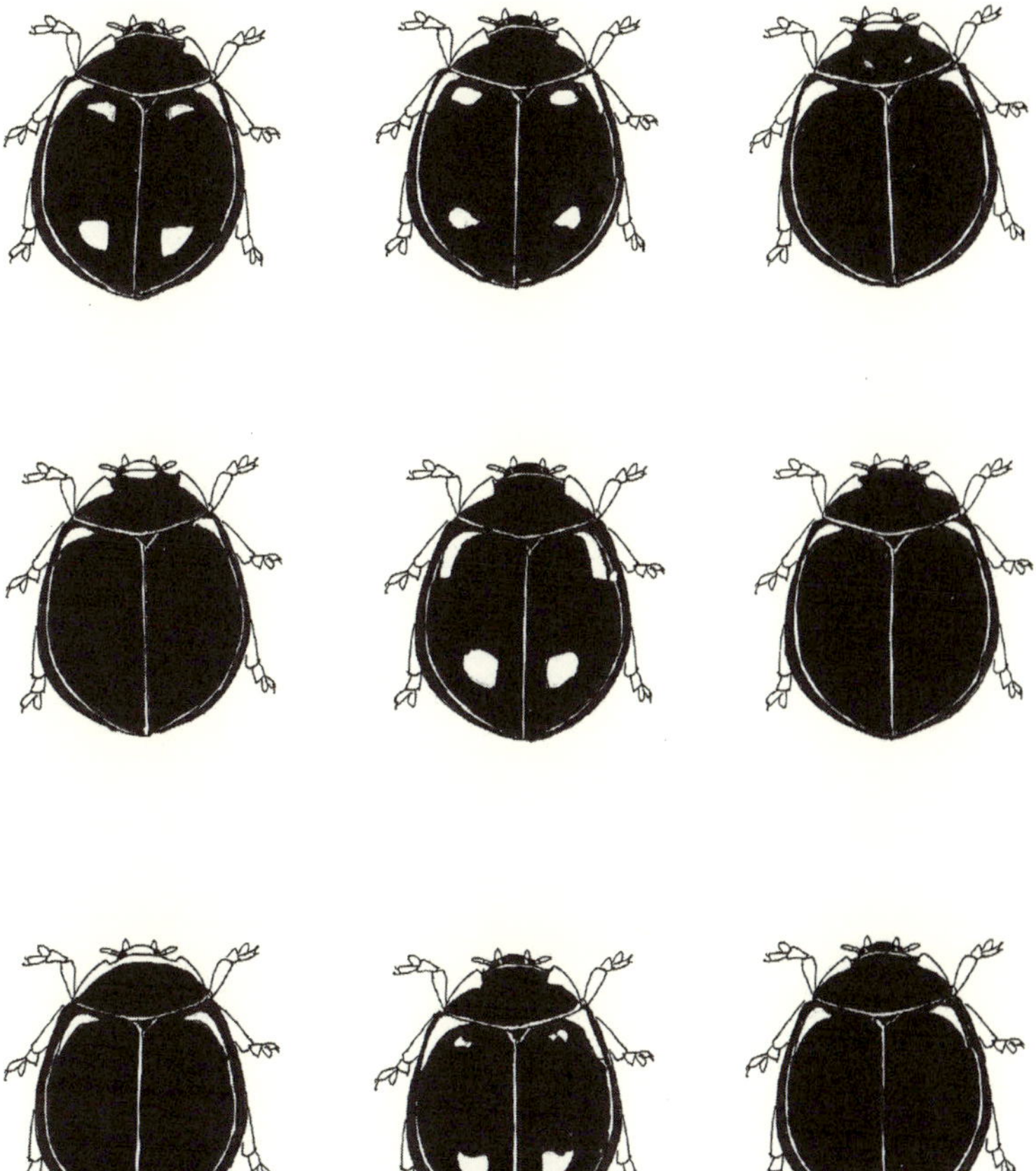

東京都内で見つけたダンダラテントウ(ヨスジテントウタイプ)

僕がこうした勘違いをしていたのは、東京と沖縄で目にするダンダラテントウの模様がだいぶ違うからだと、このとき気がついた。先に書いたように東京のダンダラテントウはナミテントウの二紋型によく似ている。大きさには違いがあるが、うっかりしていると、同じ種類のテントウムシに見えてしまうだろう。ところが沖縄のダンダラテントウは、先に書いたように、赤字に黒く、「米」という字に似た模様がある。沖縄で普通に見かけるダンダラテントウを見つけた場合、まずナミテントウと間違えることはありえない。

つまり、東京のダンダラテントウと沖縄のダンダラテントウは、同じ種類のはずなのに、まったく違うテントウムシのように見えてしまうわけだ。この点について、本を調べてみると、驚いてしまうことが書かれていた。昔はダンダラテントウの東京で見られるタイプをヨスジテントウ、沖縄で見られるタイプをダンダラテントウと、別の名前で呼んでいたそうなのだ。つまり昆虫の研究者もだまされていたということになる。かように、テントウムシの識別は「やっかい」なのだ。

東京テントウムシ探検で見つけたテントウムシの名前を、さらに調べていくことにする。いちばん、普通に見ることができたのが、ナミテントウ。次に多かったのが、一見、ナミテントウに似ているダンダラテントウ。明るい茶色の地に、黒いホシがたくさん入っていたのは、オオニジュウヤホシテントウ。この虫は、テントウムシの中でも、ジャガイモやナスの害虫だ。

黄土色の地に、白いホシの入ったテントウムシは、ムーアシロホシテントウ（口絵7）だった。このテントウムシと、キイロテントウ（口絵7）は、カビの仲間を食べている。キイロテントウはその

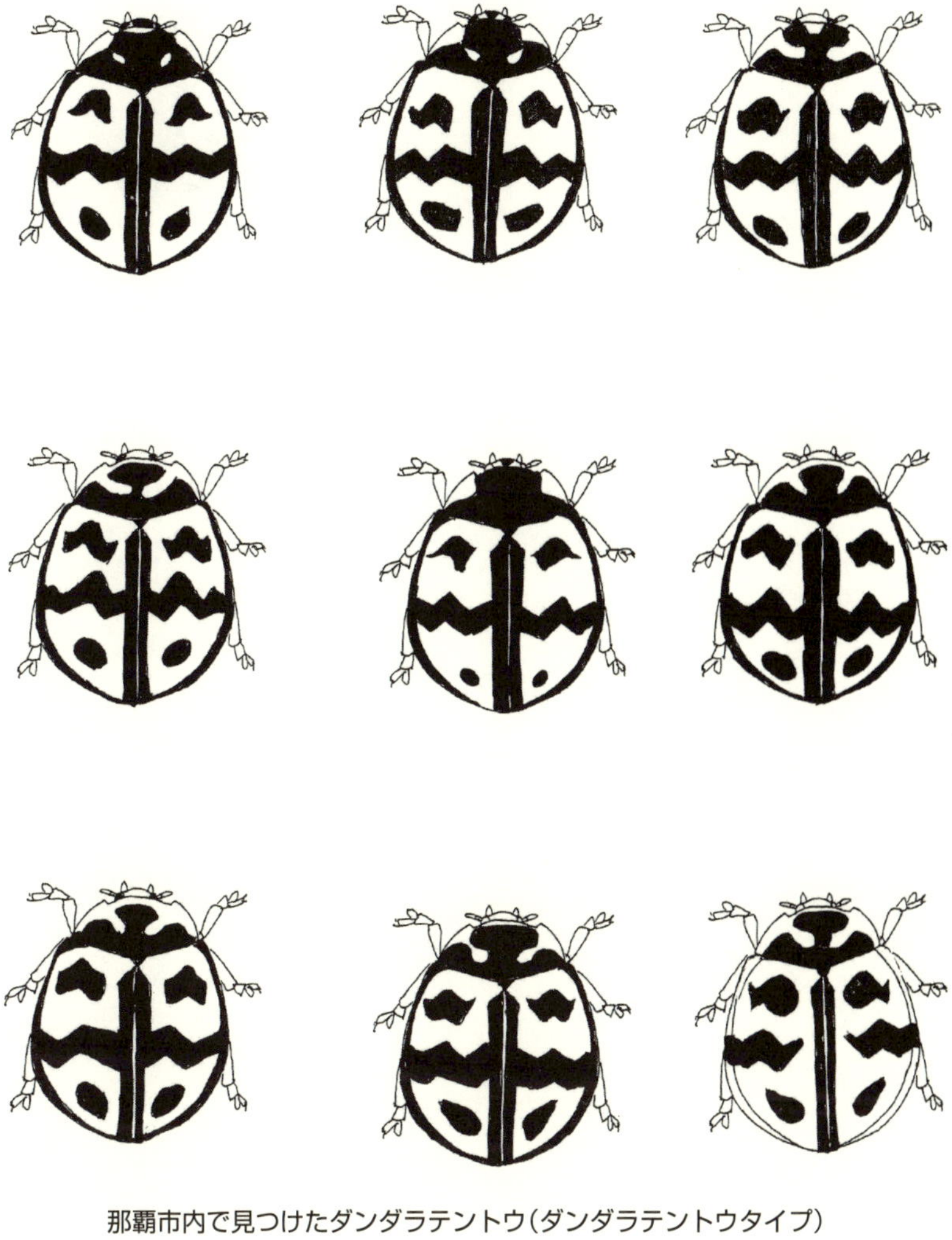

那覇市内で見つけたダンダラテントウ（ダンダラテントウタイプ）

名のとおり、上翅がキレイな黄色をしている。そう言えば、かつて埼玉の教員をしていたころに、キイロテントウを見つけた高校生が、「これって、新種？」といって僕のところに持ち込んだことがある。「テントウムシは赤い体に黒いホシ」というのが生徒たちの常識なので、キイロテントウはその常識外のとても珍しいものに思えたのだろう。

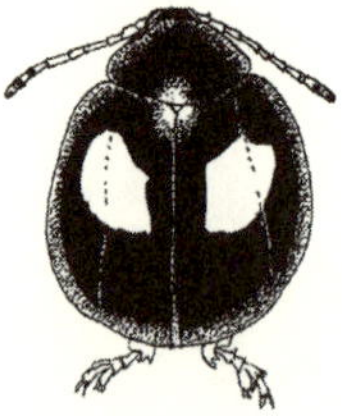

テントウノミハムシ（3mm）

こんなふうに捕まえたテントウムシの名前が一つひとつわかる。その作業の中で、僕はまたひとつ勘違いをしていたことに気がついた。ヒイラギの葉の上で見つけた黒い地に、赤いホシが二つ入った〝テントウムシ〟は、実体顕微鏡で拡大してみると、テントウムシではなかったのだ。テントウムシそっくりに見えるハムシ科の虫、テントウノミハムシだったのである。

ゴキブリはテントウムシにあこがれている……という話を書いた。ゴキブリ以外にも、テントウムシを真似している虫がほかにもいる。テントウムシダマシとか、テントウゴミムシダマシ（口絵11・12頁）などという虫もいるのだ。さらには、クモの中にもテントウムシの姿に化けているものがいる。こんなふうに、テントウムシは、虫の世界の中では、ほかの虫にマネをされるほどの人気者になっている。ところがテントウムシは虫屋の中では人気がなかった。

「テントウムシは色がキレイですけど、甲虫が好きな人は、色が地味でもゴミムシダマシのほうが好きです。ゴミムシダマシは殻が硬くて、ゴツゴツしています。そういう虫が、虫屋には人気があるんです」

スギモト君は、テントウムシが虫屋の中で不人気なわけを、こんなふうに教えてくれた。テントウムシはゴツゴツなんかしていない。それどころか、翅の柔らかい、標本を作ってもガッカリしてしまうような虫だった。なぜかと言えば、テントウムシは苦い汁を持っているからだ。テントウムシは、身を守るために、体を硬くする必要などないわけだ。さらにもうひとつ、テントウムシが虫屋に不人気なわけがある。テントウムシは珍虫度が見えにくい虫なのだ。

苦い成分を体内に持っているテントウムシは、そのことをアピールするために、共通の方法をとっている。それが丸くて赤や黒地にホシ模様がある姿というものだ。こうした共通のアピール方法を持っているため、誰でもテントウムシの姿はすぐに思い浮かべられる。

逆に言えば、テントウムシにも種類はいろいろいるが、みな、そのアピール方法の基本路線からは、そんなにずれていない。つまり、テントウムシの仲間には、「これって、テントウムシ？」と思わせるような変なテントウムシがいない。そのため、テントウムシは虫屋からしたら「カッコイイ」と言いにくい。

テントウムシは見つけたときに「カッコイイ」と叫びにくい。これが、虫屋にテントウムシが不人気の最大の理由ではないだろうか。しかしよくよく見れば、テントウムシにだって、「カッコイイ」ものはちゃんといる。

これは珍虫？

僕がまだ、テントウムシに興味を持つ前のことになる。

「仕事場に巨大なテントウムシが現れたので送ります。これって、やっぱり珍しいのでしょうか？うちの家族は、みんな〝ゲゲッ〟と驚きました」

鹿児島県・種子島に住んでいる知人から、こんな手紙といっしょに、一匹の虫が送られてきた。見て、びっくり。手紙に同封されていたのは、確かにテントウムシだった。丸く黄色い体の背に一二個のホシがついているという姿は、ほかのテントウムシとそれほど変わらない。驚いたのは、その大きさだ。なんと体長が一・三センチもある大きなテントウムシだった。

このとき、僕はまだテントウムシに特別な興味は持っていなかった。それでも見たことのない大きなテントウムシには目がひきよせられる。名前はオオテントウ（口絵1）だとすぐにわかった。

残念なことに、送られてきたオオテントウは、少し体がつぶれていた。しかもまだテントウムシには特別な思い入れがなかったときだったので、送ってもらったオオテントウの絵を描いたあとは標本箱の中に放り込んで、そのままになってしまった。

テントウムシに興味が出てきたときに、このことを思い出す。図鑑を見ると、オオテントウは沖縄でも見つかると書いてある。こんな大きなテントウムシは、ぜひ、自分で捕まえてみたい。でも、オオテントウはどこにいる？

「これって、やっぱり珍しい？」

種子島に住む知人は、そう聞いてきたし、僕もこのとき送ってもらったオオテントウ以外にこの虫を見たことがない。そこで、沖縄在住の虫屋に聞いてみることにした。

「まだ、見たことないですよ」

琉球大学博物館のササキさんは、こう言った。僕より少しだけ年上のササキさんは、大学生のころから沖縄に住みつき、その後ずっと沖縄の自然を見続けてきた人だ。ササキさんの専門はクモなのだが、そのほかの沖縄の生き物に関しても知らないことがないと思えるほどの人である。そんな凄腕の生き物屋であるササキさんが見たことがないのだから、かなり珍しい虫に思えてくる。さらに博物館にもオオテントウの標本はないのだと聞いて、驚いてしまう。

「オオテントウ、カッコイイからほしいんだけど」

ササキさんは、そう付け加えた。

続いて、若手の甲虫屋のオオタ君に話を聞いてみることにした。

「オオテントウ、僕、ずーっと探していますけど、まだ見たことがないです。相当上の先輩が久米島で見ているとか聞いたことはあります」

こんな返事が返ってきた。また、びっくり。どうやら、オオテントウはとても珍しいテントウムシのよう？

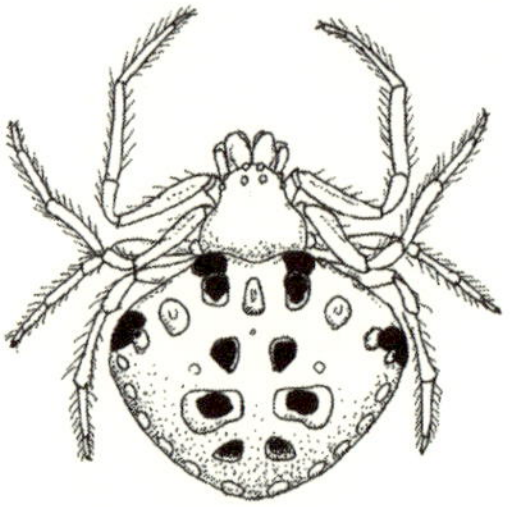

ツシマトリノフンダマシ
（9mm）

念には念を入れて、やはり若手の甲虫屋のツハ君にも話を聞いた。

「捕ったことないですね。あるとき二・五メートルぐらいの木の上にオオテントウらしきものがいて、網ですくってみたら、オオテントウそっくりのクモでした。甲虫屋が手を出した唯一のクモ……ということで、標本にしてありますが」

ツハ君の話に笑ってしまったが、ツハ君の見つけたクモはツシマトリノフンダマシという、これはこれで珍しいテントウムシそっくりのクモであって、見つけたというのがうらやましく思える。

「オオテントウは幻のテントウムシです」

オオタ君とツハ君は、それぞれのエピソードを話してくれた後で、二人してそんなふうに言いあっていた。

オオテントウ、珍しいどころか、幻のテントウムシとは！

当然、虫の師匠であるスギモト君にも話を聞いてみる。

「オオテントウですか？　うーん。本当に、たまたま捕れたことがあるっていう程度ですよ」

さすがスギモト君は、オオテントウを捕ったことがあった。しかし、スギモト君ですら、それは「まぐれ」と言う。

テントウムシは駄虫的だから虫屋には人気がないというけれど、どうやらオオテントウは例外的に珍虫のようだ。オオテントウを探すのが、今後の目標のひとつとなりそうだ。しかし、オオテントウが幻のテントウムシなら、そうそうすぐには出会えるわけがない。もう少し、テントウムシ自体のことを知る中でオオテントウに出会える方法も見えてくるのではないかと、自分に言い聞かせることにした。

そんなある日、スギモト君が僕の家に遊びに来た。ちょうど見せたいものがある。

「でっかい！　カッコイイ！」

案の定、スギモト君が嬉しそうに叫んだ。

虫屋は、「カッコイイ」虫を見ると何より嬉しそうに叫ぶものなのだ。僕がスギモト君に見せたのは、カメノコテントウ（口絵5）だった。カメノコテントウはつやのある黒い体に、赤い、複雑な模様が入っていて、とてもきれいなテントウムシだ。このテントウムシは、沖縄では見ることはできない。長野県に住んでいる友人に頼んで、送ってもらったものだ。カメノコテントウは、体長が一・一センチほどもある。つまり、オオテントウよりは一回り小さいけれど、それでも大きなテントウムシだ。このサイズはテントウムシとしては破格なので、「カッコイイ」という用語の対象になるわけ。送ってもらったカメノコテントウは、まだ生きていた。スギモト君がその生きたカメノコテントウを触っていたら、指に赤い汁がついた。

「赤い汁！」

スギモト君が、また嬉しそうに叫びだす。普通に出会うナミテントウやダンダラテントウは、いじると黄色い汁を出す。ところがカメノコテントウは、普通のテントウムシと違って、赤い汁を出す。そんなところが、虫屋的には、たまらないのだ。ついでに、虫屋としてはその汁の味をチェックするのも忘れない。

「苦い!」

スギモト君は、指をペロリとなめて、またまた嬉しそうに、そう言った。

カメノコテントウは本土に分布しているテントウムシである。しかし、神戸の街中で生まれ育ったスギモト君にとっては、カメノコテントウは実際に目にすることのない虫だったと言う。

「生きたカメノコテントウを見るのは、これで二回目ですよ。子どものころ、図鑑を見ると〝普通種〟って書いてあるのに、見たことがなくて、いったいどこにいるんだって思っていました。だからカメノコテントウは、子どものころ、アコガレの虫のひとつです」

スギモト君はこう言う。テントウムシは、街中でも出会える虫だが、テントウムシの種類によっては、街中では見ることのできない種類もいるわけだ。たとえばそれが、カメノコテントウ。これは、カメノコテントウの餌に原因がある。

普通、テントウムシの餌といえば、草や木の汁を吸っているアブラムシが頭に浮かぶ。ところがカメノコテントウは、その幼虫も成虫も、クルミハムシの幼虫を食べて暮らしている。クルミハムシは、その名のとおりクルミの葉を食べて暮らしている虫だ(カメノコテントウは、ほかにヤナギの仲間の木の葉を食べるヤナギハムシの幼虫も食べる)。なので、カメノコテントウを見つけるとしたら、まず、クルミの木が生えている場所に行かなくてはならない。ただし、クルミの木が生えていればいいかというとそうもいかない。

僕が理科教員をしていた埼玉の学校は山に囲まれており、近くにはクルミの木もあったけれど、カメノコテントウの姿を見ることはまず、なかった。カメノコテントウはどちらかと言えば北方系の虫だ。本州なら、カメノコテントウを見つけるには、たとえばもっと標高が高くて、涼しい場所まで行く必要がある。カメノコテントウは、神戸出身で沖縄在住のスギモト君にとってはアコガレの虫なわけだが、長野県に行けば、カメノコテントウは普通種になってしまう。

テントウムシといっても、種類によって餌も棲みかもいろいろだということを、僕自身、こうして一つひとつ確かめていく作業が始まった。

クルミハムシ（8mm）

カッコイイ虫

「僕は、ハイイロテントウは〝いい色〟をしていると思います。もし、ハイイロテントウが外来種じゃなかったら、カッコイイと思う」

テントウムシの話をしていたら、スギモト君がこんなことを言い出した。

虫屋がよく使う「カッコイイ」という言葉は、簡単なようでいて、なかなか使い方が難しい。スギモト君の言ったことを、説明してみよう。

ハイイロテントウ（口絵7）も、ダンダラテントウほどではないが、沖縄ではよく見かけるテントウムシのひとつだ。ハイイロテントウの大きさや形は、他の普通のテントウムシと変わらない。ところが、このテントウムシが変わっているところがある。地色が白っぽい灰色なのである。テントウムシが赤や黒を地色にしているとばかり思っていると、ちょっと、意表をつかれてしまうテントウムシだ。虫屋的にはその点が、「カッコイイ」わけなのだ。もっとも、これはかなり虫屋的な発想だ。

本土に住む僕の友人の虫屋のコバヤシさんから、「ハイイロテントウを送ってください」とメールが送られてきたことがある。コバヤシさんも、スギモト君と同じく、「こんな色をしたテントウムシって、珍しいから、地元の子どもたちに見せてみたい」と思ったのだ。そこで、さっそく生きたハイイロテントウを送りだした。ところが、後日談をきいたら、「子どもたちの反応は〝ふーん〟という一言だったよ」と、苦笑いをしていた。虫屋の「カッコイイ虫」が一般受けするわけではないという一例だ。

ところで、このハイイロテントウには重大な欠点があるとスギモト君はいう。それはこの虫が、アメリカ大陸原産の外来種だということだ。虫屋からすると、人間の手で移動させられてきた虫を捕っても、ちっとも嬉しくないのだ。だから、外来種のハイイロテントウを見つけても、「カッコイイ」虫とは言わない（ヘラクレスオオカブトも、雑木林で捕ったとしたら、なんだか捨て猫を拾ったような気がしないだろうか）。

加えて、ハイイロテントウが「カッコイイ」とは言われないわけは、ハイイロテントウは、沖縄では街中でも普通に見かける虫なのだ。ハイイロテントウは、沖縄では街中でも普通に見かける虫なのだ。だから、僕も、ハイイロテントウなんて、テントウムシに興味を持つ前には、ほとんど見ても気にしない虫だった。

ところが、街の虫や、テントウムシに興味を持ち出したことで、たとえ駄虫であろうがなかろうが、あらためてテントウムシのことが気になり出す。そんなふうに気にしてみると、ハイイロテントウのような駄虫でも、本当にどこにでもいるわけでもないことに、また、気づくことになる。カメノコテントウがスギモト君にとってアコガレだったわけは、テントウムシの餌が種類によって違っていることと関係していた。こうした餌との関係が重要なのは、駄虫だって同じだ。

あらためて気にしてみると、ハイイロテントウは、決まった種類の木の周囲で、よく見かけることに気がつく。ハイイロテントウがよく見つかるのは、同様に外国から持ち込まれたマメ科のギンネムという木だ。たとえば、僕の勤めている大学は、敷地がとても狭く緑もほとんどない。それでも、構内の駐車場のわきに二本だけギンネムが生えている。そのギンネムを見ると、ちゃんとハイイロテントウがいる。ハイイロテントウがギンネムにいるわけは、この虫が、ギンネムの汁を吸っているギンネムキジラミというカメムシ目の小さな虫を餌にしているからだ。

テントウムシを見ていくうちに、テントウムシを探すコツがわかってくる。テントウムシを探すときのコツは、まずテントウムシの餌のいる場所を探す必要があるのだ。探すときのコツというわりには、なんだか、あたりまえのことを言っているような気もするが……。

しかしなぜ、テントウムシごとに、こんなに餌が違うのだろう？　そう思わないだろうか？

植物を見よ！

五月中旬のある日、僕は那覇市のS公園に出かけることにした。この日は学生たちとの昆虫観察実習の日だ。S公園についてみると学生たちとの集合時間には少し間があった。そこで一人で虫を探してみることにした。

「S公園なんて虫いるの？　あんまり虫なんて見たことないよ」

実習前、学生の一人からはこんな声が出ていた。

そこで「虫は見ようとしないと見えないんだよ」と答える。実際、僕自身、テントウムシを気にし始めて、初めて目にすることがいろいろとある。テントウムシを「見よう」とし始めたときに、テントウムシによく気づくようになるおまじないがあることに僕は気がついた。そのおまじないとは「ショクブツヲミヨ（植物を見よ）」というものだ。S公園には、それこそ引っ越し当初からしばしば通って虫を見てきた。それでも、まだ「見えていなかったこと」がきっとある。そこでS公園でも、さっそくおまじないを唱えてみることにしてみた。「ショクブツヲミヨ」と。別におまじないを唱えなくてもいいのだが、こうすると、周囲の植物を見てみようかという気になるのだ。虫を捕るときは、ついつい、虫ばかり探してしまう。しかし、テントウムシは小さな虫だ。テントウムシを探すときは、テントウムシを探すより、テントウムシのついている植物を探したほうが早いのだ。

この日、おまじないを唱えたら、さっそく目についた植物がある。リュウキュウマツだ。沖縄ならではのマツの種類だが、本土に生えているアカマツやクロマツと、姿はそれほど変わらない。それまでS公園に生えているのは知っていたが、「ああ、マツの木だな」というだけで、通り過ごしていたものだ。この日は、うってかわって、しばらくの間、ジロジロジロとマツとニラメッコをすることにした。ドキッ。葉っぱの上に、テントウムシが一匹いた。それもナミテントウに似たテントウムシだ。ナミテントウは、東京でテントウムシ探検をすれば、いちばん、普通に目にするテントウムシだった。しかし、沖縄にはナミテントウは分布していないはずなのだ。ドキッとしたのは、僕が見つけたのが、クリサキテントウ（口絵3）ではないかと思いついたからだ。クリサキテントウは、本土から沖縄まで分布しているテントウムシだ。ただし、僕はそれまで、名前は知っていても、見たことがないテントウムシだった。

クリサキテントウは変なテントウムシである。クリサキテントウは姿・形はナミテントウにそっくりで、見分けがつかないほどだと図鑑には書かれている。ただし、ナミテントウがいろいろな木の上で見つかるのに対して、クリサキテントウはマツの木の上でばかり見つかるのだともある。クリサキテントウはナミテントウと長いあいだ、混同されていて、ナミテントウと違う種類のテントウムシとはっきりわかったのは一九七一年のことだ。本当だろうか。

正直なところ、こうした記述を読んだときは、そういうふうに思ってしまった。もし、マツの上に、普通種のナミテントウがいたら、どうなるのだろう？　と。見分けられないのだろうか？　沖縄の場合、ナミテントウはいないことになっているから、マツの上で見つかった、ナミテントウそっくりのテントウムシは、クリサキテントウに間違いなさそう。それでも、一匹見ただけでは、確信が持てない。

この日の実習では学生といっしょにいろいろな虫を見つけた。「ここに地味な虫がいるよ」そんなふうに学生が言うのは、ノアサガオの葉を食べているオキナワイモサルハムシを見つけたときのこと。「これ、テントウムシ？」と学生が言ったのは、同じくハムシ科の甲虫ながら、体型がテントウムシに似て丸っこいタテスジヒメジンガサハムシを見つけたときのことだ。別の学生がもう一度「これ、テントウムシ？」と聞いてきたのを見ると、今度は本当にテントウムシの仲間で、小型のモンクチビルテントウ（口絵7）だった。そうしたやりとりをしながらも、僕はクリサキテントウらしきテントウムシのことが気になってしかたがなかった。

数日後。今度は車に乗って、那覇から一時間ほど離れた田園地帯に、テントウムシ探検に出かけてみた。車を置いて歩き回るうちに、植木屋さんの畑が目に入る。植木屋さんの畑だけあって、植えてあるのは、ヤシの木やマツが目立つ。テントウムシ探しに好都合だったのは、植木用だったので、い

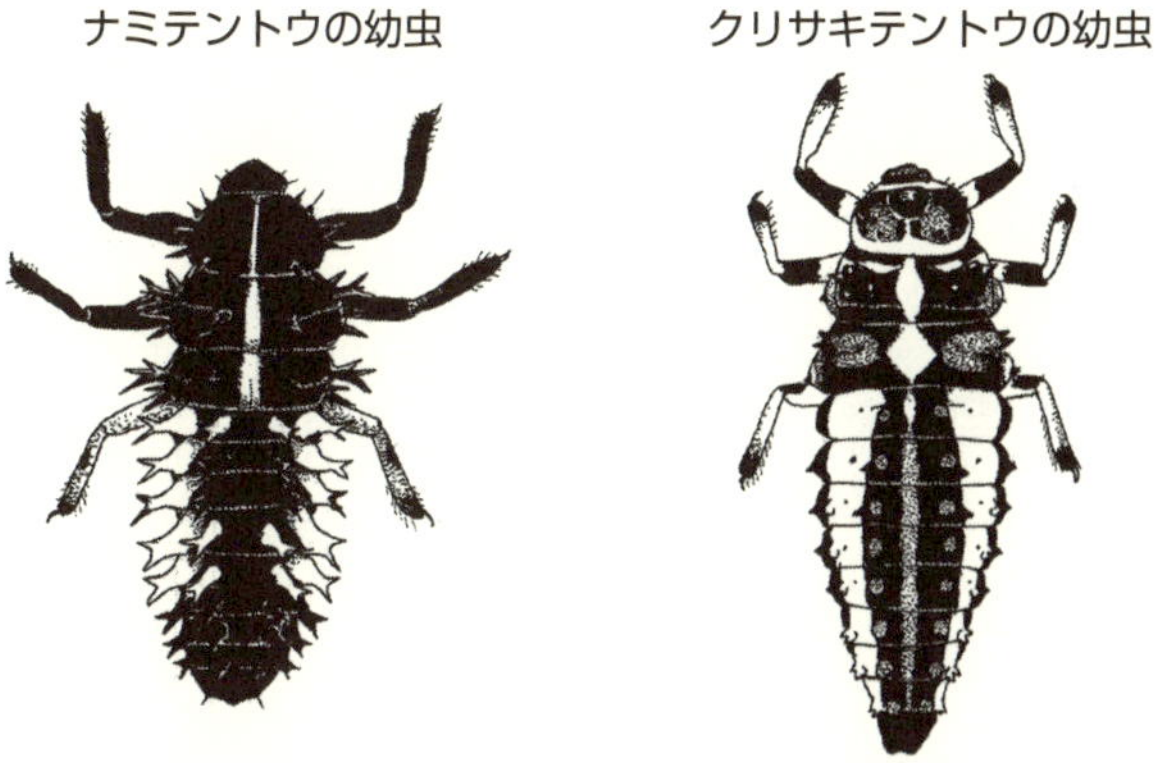

ナミテントウの幼虫(左)とクリサキテントウの幼虫(右)。成虫は見分けがつきにくくても、幼虫の姿はまったく違う

ずれも背が低かったことだ。そこで、マツに近寄って、繁った葉とニラメッコをしてみた。

　すると、いる、いる。S公園のマツで見たのと同じ姿のテントウムシが、葉っぱの上を歩き回っているのが目に入る。さらに、同じ種類のテントウムシと思われる幼虫もいる。さっそくビニール袋に入れて持ち帰ることにした。

　それにしても、今まで、クリサキテントウなんてカケラも見たことがなかったのに、マツを見るようになっただけでそれらしきテントウムシが次々に見つかるなんて、おまじないもバカにできない。

　家に持ち帰ったテントウムシは、よく観察してみることにした。クリサキテントウは、ナミテントウと区別がつかないほど似ているのだが、それは成虫の話だ。幼虫の姿にははっきりとした違いがある。ナミテントウの幼虫もクリサキテントウの幼虫も、先に紹介したテントウムシの幼虫のタイプ分けでいえばワニ型をしている。しかし、両者では斑紋などが異なっている。

学生たちとのやりとりで、学生たちにとってテントウムシの幼虫が謎の生き物であることを知ってから、テントウムシの幼虫を見つけるとスケッチをするようになった。テントウムシの幼虫は、種類ごとにそれぞれの姿が異なっているので、スケッチをし始めたら、これはこれで結構おもしろい。そのため、すでに手元には何種類かのテントウムシの幼虫たちのスケッチが集まっていた。その中にナミテントウの幼虫のスケッチがあった。ナミテントウの幼虫のスケッチと比較すると、今回、マツで見つけたテントウムシの幼虫とは明らかに姿が異なっている。そうなると、マツの木にいたのは、クリサキテントウということでよさそうだ。

クリサキテントウとわかって、あらためて成虫の姿も観察して見る。クリサキテントウはナミテントウとは姿が大変似通っているテントウムシなわけだが、沖縄産のクリサキントウの場合は、ナミテントウの一般的な四つの色彩型とはそこまで似ていない。沖縄産のクリサキテントウでいちばん多く目につくのはクリーム色の地に黒い点が散らばっているというタイプだ（その後のS公園での調査の一例を紹介する。一〇匹見つけたクリサキテントウのうち、クリーム色の地に黒いホシが散らばっているものが九匹に、黒字に赤い四つのホシのあるタイプが一匹という割合だった）。こうなると、次は本土でナミテントウそっくりというクリサキテントウを見てみたくなる。また、今回の観察でテントウムシについて調べるのなら、幼虫の観察も大切だということもあらためてわかった。

那覇のナナホシテントウ

マツの木に特有のクリサキテントウを見つけたことで、テントウムシの居場所について、あれこれ考えてみたくなる。

「子どものころ、テントウムシの幼虫、好きだったですよ」

僕の家にやってきたスギモト君が言う。

「灰紫色とオレンジ色に染め分けられている幼虫は、ナナホシテントウの幼虫（口絵9）ですか？」

スギモト君が、ぼくに聞く。

「そう、そう」

「ナナホシテントウの幼虫が、校庭に普通にいたんです。それで、ビンの中にいれて、アブラムシを捕ってきて入れると、お手軽に飼えました。ビンの中のテントウムシが、ガラスに卵を産み始めて、先生といっしょに、みんなでそれを見ていたことがありますよ。小学校の低学年のころですね」

それにしても、スギモト君は、あいかわらず虫についての子ども時代の思い出を、よく覚えている。スギモト君の思い出にあるように、ナナホシテントウは、普通に見る虫、つまりは駄虫だ。でも、ナナホシテントウが、どこにでもいるかというと、やっぱりそんなことはない。

沖縄に移住して三日目、プロローグに書いたとおり、僕はS公園に出かけて行った。昔の記録を見返してみると、翌日にも再びS公園に出かけている（ワタセジネズミの死体を拾った次の日だ）。

「公園の草地でシロツメクサの花に来ているミツバチを見ていたら、膝の上にナナホシテントウが登ってきて、何だか埼玉みたいだ……」

こんな感想を書き残していたのだけれど、このときの僕はまだ、沖縄の街中ではナナホシテントウをあまり見かけないということに気づいていなかった。沖縄暮らしが長くなるにつれて、街中ではそうそう、ナナホシテントウを見かけないことにようやく気づく。すると、今度は、街中でナナホシテントウを見つけて、「おっ」と思うようになる。

こうしてあらためて街中のナナホシテントウに気づいたのは家の近所の造成地だった。まだあまり雑草も生えていない状態で、ポツポツと生えていた帰化植物のヒメムカシヨモギにびっしりとアブラムシがたかり、そこにテントウムシも集まっていた。ためしに一本のヒメムカシヨモギに何匹のテントウムシがたかっているかを数えてみることにした。すると、ある一本のヒメムカシヨモギには、ダンダラテントウが二二匹、ヒメカメノコテントウ（口絵7）が六匹、そしてナナホシテントウが二匹集まっていた。別の一本にはダンダラテントウが二二匹にヒメカメノコテントウが六匹集まっていた。こんなふうにナナホシテントウも見つかりはしたが、ダンダラテントウのほうが多数来ていたことがわかる。

別の例をあげると、今度は近所の公園に植えられていたガガイモ科のトウワタにアブラムシが大発生していて、そこにやはりダンダラテントウがたくさん集まっていたのだが、よく見ると、それに混じってヒメカメノコテントウとナナホシテントウが一匹ずついるのが目に留まった。こうした例が那覇の街中でのナナホシテントウの発見状態だ。

那覇の街中ではダンダラテントウをよく見るが、ダンダラテントウはヒメムカシヨモギやトウワタといった草だけでなく、生垣や植え込みの低木上でもその姿をよく見る。これと比べ、ナナホシテントウはより草地に適応した種類のようだ。沖縄の場合、ナナホシテントウを見るのなら、田んぼの畦や、海岸近くの草むらなどに出かけていく必要がある。

田んぼのテントウムシ

街中にいるテントウムシに気づくことは、田舎のテントウムシに気づくことでもある。たとえば田んぼの周囲は、街とは別のテントウムシが見られる場所だとわかってくる。沖縄の田んぼの周囲では、ナナホシテントウのほかに、ヤホシテントウやチャイロテントウ（口絵7）をよく見ることができる。

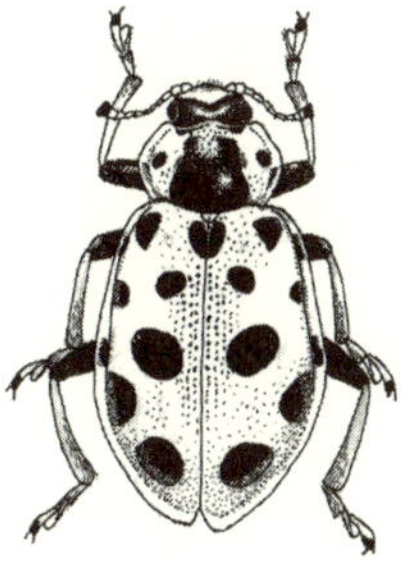

ジュウサンホシテントウ（5.5mm）

埼玉に住んでいるころは、田んぼに特有のテントウムシがいることに気づいていなかったのだけれど、これは沖縄だけでなく、本土でも同じだろう。埼玉に住んでいる虫友達のウチダさんにテントウムシの話をしたら、田んぼで見つけたというジュウサンホシテントウとアイヌテントウ（口絵7）を送ってくれた。ジュウサンホシテントウはテントウムシにしてはやや細長い体つきが独特のテントウムシで、アイヌテントウは一見ナナホシテントウに似ているテントウムシだ。これらのテントウムシは、街中や林の周辺では見ることのないものたちだ。

さて、こんなふうにテントウムシは種類によって見つかる場所が違うわけだが、それはそれぞれのテントウムシの餌の違いを反映していそうだ。

埼玉や千葉に住んでいるころは、春、カラスノエンドウにつくアブラムシに、よくナナホシテントウがやってくるのを目にした。アブラムシにも、いろいろな種類がいる。アブラムシは、植物によって、つく種類が違っている。

アブラムシの図鑑を見てみると、カラスノエンドウには、エンドウヒゲナガアブラムシや、ソラマメヒゲナガアブラムシという種類のアブラムシがつくと書いてある。そんなカラスノエンドウならではのアブラムシが、ナナホシテントウの好みなのだ。

クリサキテントウの場合も同じことが言えるのではないだろうか。クリサキテントウが、マツにしかいないわけも、この虫が、マツにしかついていないアブラムシを好んで食べているからではないだろうか。

では、なぜ、テントウムシによって、食べるアブラムシの種類が決まっているのだろう。

偏食にもほどがある？

テントウムシは種類によって、食べるアブラムシの種類が決まっている。その理由は「アブラムシにある」と、虫師匠であるスギモト君は言う。

「アブラムシは、いつでもいるわけじゃないですよ」

スギモト君がさらに説明をしてくれる。おおまかに言うと、アブラムシは、季節によって棲息数が大きく変化するというのだ。アブラムシは、春、植物が新芽を伸ばすころにわっと増えて、夏には少なくなる傾向があるらしい。テントウムシはアブラムシの天敵なのだが、それはテントウムシが一方的にアブラムシより強い虫だという話にはならない。テントウムシは餌のアブラムシがいなくてはやっていけないからだ。つまりテントウムシは、餌のアブラムシが増えたり減ったりするのに、自分の暮らしぶりを合わせなくてはならない。アブラムシの増え方は、おそらくアブラムシの種類によって違うだろう。だからテントウムシが確実に餌を見つけるためには、的を絞ったほうが確実なんじゃないかな……と、スギモト君は言う。

なるほど、と思う。でも、理由はそれだけだろうか？

たとえば図鑑を見るとカサイテントウという名前のテントウムシが載っている。このテントウムシの変わっているところは、背

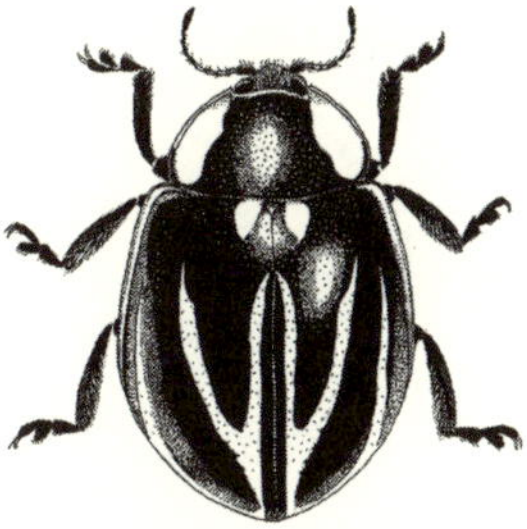

カサイテントウ（7mm）

中の模様がホシではないところだ。黒地にホシの代わりにタテスジが入っているのだ。図鑑の説明には、珍しい種類とも書かれている。つまりカサイテントウは、テントウムシの中では珍虫の部類に入ると言えそうだ。ところでこの虫は北海道に棲んでいる種類なので、沖縄に住んでいる僕は、そうそう探しに行くわけにはいかないし、たとえ北海道まで出かけていったとしても、そうそう見つかるとも思えない。

そこで北海道に住んでいる甲虫屋のホリさんにカサイテントウの話を聞いてみることにした。

「カサイテントウは道北の高山帯でハイマツの藪をこいでいるときに、多数見かけたことがあります。でも藪こぎ中だったので、数匹しか採集できなかったですね。このテントウはゴヨウマツ類に発生するアブラムシだかカイガラムシだかを専門に捕食するようで、低地のチョウセンゴヨウでも発生することはあるようです。そういうときはもっと楽に出会えるはずですが……。タイミングなのでしょうね」

ホリさんからは、こんな内容のメールが返されてきた。カサイテントウの場合も、特定の植物上でしか見つからない（それも、その植物が高山帯に生育していたりする）ことが、見つけにくい要因になっていることがわかる。しかし、テントウムシの場合、テントウムシ自体が特定の植物を食べているわけではない。肉食のテントウムシは餌であるアブラムシを通じて、植物と強いかかわりを持っているわけだ。だから、テントウムシが決まった種類のアブラムシしか食べない理由を考えるなら、まず、アブラムシと植物とのかかわりについても考えてみる必要がある。

アブラムシとの密な関係

テントウムシが苦いのは、敵から身を守るためだった。同じように、植物の中にも、身を守るために毒を持っているものがたくさんある。アブラムシは植物の汁を吸って生きる虫だから、その餌となる汁の中に毒が含まれている場合もある。こうなると、アブラムシは毒が効かないようなしくみを持っていないと植物の汁を吸えないことになる。ただ、植物によってその毒の種類は異なっているから、毒のある植物の汁を吸えるのは、その毒が効かない特別なアブラムシに限られるはずだ。これが、植物によって、見つかるアブラムシの種類が違う理由だと僕は思う。

「植物によって、見つかるテントウムシに違いがあるのは、餌のアブラムシの体の中の成分も関係あるんじゃないかな。ある人の研究を読んだら、あるアブラムシは、○○テントウの餌だけど、××テントウには毒だって書いてあったよ」

僕は、そうした考えをスギモト君に言って彼の考えを聞いてみることにした。

「あー、なるほど」

スギモト君も、僕の考えにうなずいてくれた。

「考えてみると、アブラムシが、毒を持っていてもおかしくないね」と。

たとえば、ヘクソカズラという臭いつる植物がある。このつる植物には毒がある。ヘクソカズラの汁を吸っている、ヘクソカズラヒゲナガアブラムシは、この毒が平気だ。しかも、毒が平気なだけでなく、汁を吸ううちに、ヘクソカズラの毒を体に蓄えてしまうらしい。杉浦清彦さんらの研究によれば、このアブラムシを飼育下でダンダラテントウやナミテントウに食べさせると、一齢幼虫のうちに死んでしまったという。アブラムシは弱々しそうな虫なのだが、中にはこうして植物の作った毒を、ちゃっかりと自分の身を守る手段にしているものもいるわけだ。

当然、テントウムシの好むアブラムシと、好まないアブラムシがいることになる。先の杉浦さんらの研究によれば、ダンダラテントウの生存率、産卵数の調査から、第一にはマメアブラムシやモモアカアブラムシ、第二にはジャガイモヒゲナガアブラムシやエンドウヒゲナガアブラムシ、第三にワタアブラムシの順で適合した餌と言えることがわかったとある。

ところが、アブラムシの毒の効き目はテントウムシによっても違っている。

公園などに植えられることの多いキョウチクトウには強い毒がある（キョウチクトウの毒は、人間にも危険なぐらいの猛毒だ）。このキョウチクトウにつくのが、キョウチクトウアブラムシである。高田肇さんらの研究によれば、飼育下で、キョウチクトウアブラムシを与えると、ナミテントウの幼虫は死んでしまった。しかし、ダンダラテントウはキョウチクトウアブラムシを平気で食べる。

以上のように、植物の成分によって、植物に棲みつけるアブラムシの種類が違っていて、そのアブラムシの種類によって体内の成分が違うため、テントウムシも種類ごとに食べられるアブラムシが決まっているという仮説が立てられそうだ。

それにしてもこんな話を知ると、ダンダラテントウなんて、街中でも見つかる、それこそ駄虫と思っていたのに、有毒のアブラムシを食べても平気なすごいテントウムシと思えてくる。これはぜひ、キョウチクトウの木の下で、毒アブラムシを食べているダンダラテントウを見てみたいと思う。

ところが、調べると、どんどん面白いことがわかってくるものだ。キョウチクトウアブラムシの毒が効かないダンダラテントウはすごいと思っていたら、キョウチクトウアブラムシの毒で死んでしまうナミテントウも、別の意味ですごいテントウムシであったのだ。

それを僕に教えてくれたのは、一人の虫屋だった。テントウムシは虫屋には人気のない虫のはずだった。それでも、探してみれば、世の中にはテントウムシがいちばん好きという虫屋、「テントウムシ屋」だってちゃんといた。

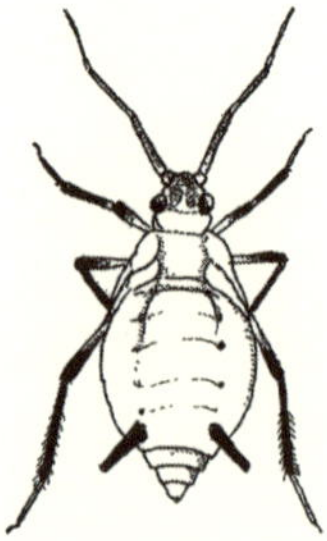

キョウチクトウアブラムシ
（1.7mm）

3章　テントウムシ屋と街歩き

テントウムシ屋登場

テントウムシ屋を紹介してくれたのは、奄美大島在住の虫友達、ニシさんだった。ニシさんは動物のフンに集まる虫が専門のフン虫屋である。フン虫屋の友人であるテントウムシ屋のオオハシさんに連絡を取ってみると、「ちょうど、仕事で沖縄に行く機会がある……その折に那覇で会いましょう」といった返信があって、すっかり嬉しくなる。待ち合わせの日。オオハシさんはあまりお酒を呑まないのだけれど、呑み助の僕に付き合ってもらう形で、いっしょに夜の街に繰り出して話をすることになった。テントウムシ屋のオオハシさんは、スギモト君と同い年。といっても、オオハシさんはスギモト君と違って、特異な恰好はしておらず、どちらかといえばみかけは普通だ。

オオハシさんの生まれは大阪だという。

「大阪？　そうすると、家の周りには、虫はそんなにいませんよね？」

「ええ。だから、ぼくは図鑑を見て、虫を好きになったんだと思うんですよ」

オオハシさんはそんなふうに自身の虫との出会いを語ってくれた。オオハシさんが、本格的に虫屋の世界に入るのは、大学の農学部の昆虫学教室に入ったときからだそうだ。オオハシさんは、大学の昆虫学教室では、ナナホシテントウの研究をテーマに選ぶことになった。こうしてオオハシさんは、大学時代にテントウムシ屋への道を歩むことになったのだ。でも、社会人となった今は、研究対象はカへと転換している。今回、オオハシさんが沖縄に来たのも、仕事としてカの調査のためだった。

「オオテントウ（口絵1）は見たことがありますか?」

このところ、虫屋と見ると問いかける同じ質問をオオハシさんにもぶつけてみた。

「オオテントウは見たことがないですね。詳しいことも知らないです。ハラグロオオテントウ（口絵5）なら見たことがあります。ハラグロオオテントウはクワにいるので、クワを見るとハラグロオオテントウがいないかなと見る習慣がついています」

テントウムシ屋に聞いてもこのとおり。オオテントウはやはり、かなりの珍虫のようだ。また、ハラグロオオテントウはオオテントウにそれほど引けを取らない大きな（一一〜一二ミリ）テントウムシだが、本土ではオオテントウほどは珍虫ではないらしく、長野の虫友だちヤスダ君も見つけて送ってくれたことがある。ハラグロオオテントウは、クワの木に特異的についていて樹液を吸っている、カメムシ目のクワキジラミを食べるテントウムシなので、クワを見たら要注意というわけ。どうやらオオハシさんも、「ショクブツヲミヨ」のおまじないを唱えているようだ。

さて、ハラグロオオテントウがクワに特異的に見られるように、テントウムシが種類ごとに決まった植物で見かけるのは、餌となる虫が違うから、ひいては、アブラムシならアブラムシで、体内に持っている毒成分が違うから？　こんな、自分の仮説をオオハシさんに話してみることにした。

「それはあると思います」

オオハシさんはうなずいてくれた。でも、それだけじゃありません……と、話は続いた。

「本土のダンダラテントウは、ちょっと変なものばかり食べるんです」

どういうことだろう？

ダンダラテントウは、ナミテントウが食べると死んでしまうような、キョウチクトウアブラムシを食べることができる。でもそれは、「おいしい」アブラムシを、ナミテントウが食べているので、しかたなく「まずい」アブラムシを食べているのかもしれません、とオオハシさんは言ったのである。これまで僕は、植物とアブラムシとテントウムシの関係だけを考えていたのだけれど、さらに種類の異なったテントウムシ同士の関係も考慮に入れる必要があったのだ。しかも、ナミテントウは、普通に見られるテントウムシではあるのだけれど、実はとても攻撃的なテントウムシなのだとオオハシさんが言うので、驚かされた。

「ナミテントウは、他のテントウムシの幼虫も食べてしまいますよ」

たとえば、アメリカには、もともとナミテントウはいなかった。そのアメリカにナミテントウが持ち込まれた結果、昔からアメリカにいたテントウムシは減ってしまったという報告があるそうなのだ。オオハシさん自身、カナダに行ったときに、そこで見たのは移入されたナミテントウばかりだったという。

「クリサキテントウが、マツのアブラムシばかり食べるのも、ひょっとするとナミテントウとの関

係かもしれません」

オオハシさんに言われて、なるほどと思う。ただ、ナミテントウのいない沖縄でも、クリサキテントウはマツの木の上で見つかった。そうなるとクリサキテントウがマツにいるのは、マツのアブラムシを特異的に好んでいるからという理由のほうが、あてはまるような気がしてしまう。この問題を解決するには、ナミテントウのいない沖縄で、クリサキテントウがマツ以外の植物にいるかどうかを調査する必要がある。

また、実家のある館山に帰ったとき、海岸のクロマツに多数のテントウムシがたかっているのを見つけたこともある。「本土でクリサキテントウを見つけた？」と喜んだのだが、いっしょに見つけた幼虫をよく観察すると、すべてナミテントウと思われた。ナミテントウがマツのアブラムシをまったく食べることができないかというと、そうではなさそうだ。

オオハシさんとのテントウムシ談義は続いた。

「ダンダラテントウは、沖縄では〝普通〟なんですか？　じゃあ、ダンダラテントウも、ナミテントウのいない沖縄だと、おいしいアブラムシを食べているのかもしれませんよ」

これまた、思ってもいなかった視点である。この点を確かめるのも、今後の課題といえそうだ。それにしても、ナミテントウなんて、ただの普通のテントウムシだと思っていたけれど、ほかのテントウムシたちの暮らしぶりに強い影響を与える、「すごい」テントウムシなわけだ。

「なぜ、その木の上に、その種類のテントウムシがいるのか」

何気なく目にする、あたりまえに思えることも、ちゃんと考えてみると理由がある。テントウムシ屋から聞く話で、目からボロリとウロコが落ちる思いがした。

テントウムシ屋の虫探し

翌日。オオハシさんは、お昼の飛行機で大阪に戻る予定になっていた。そこで、午前中だけ、いっしょにテントウムシ探検をすることに。集合場所で落ち合ったオオハシさんの恰好にまず目がいってしまう。テントウムシ屋の採集時の恰好なんて、初めて見る。テントウムシ屋の装備は、サンプル瓶が何本も入った肩掛け鞄と、手にした捕虫網……というものだった。虫屋としては軽装備だが、やはりテントウムシ屋といえども、捕虫網を持ち歩くことがわかる。サンプル瓶というのは、プラスチック製の細長いビンで、蓋がスクリュー式になっているものだ。捕まえたテントウムシは、生かしたまま、この中に入れて、持ち帰るというわけだ。

さて、採集に使える時間があまりないので、手近なテントウムシポイントということで、S公園へ

行ってみることにした。S公園に着くと、まずはクリサキテントウを見つけたマツの木の下へ行ってみた。

「もう時期が遅いかなぁ。アブラムシもいないですねぇ」

木の下でオオハシさんがつぶやく。シャアシャアとクマゼミの鳴く声がやかましい時期のことだ。僕がS公園のマツでクリサキテントウを見つけたのは五月中旬のことだから、それから二か月もたっている。そのうち、オオハシさんは、捕虫網の棒の部分を取り外し、網を受け皿代わりに使って、マツの枝を捕虫網の棒でバンバンと叩き始めた。「ビーティング」と呼ばれている採集方法で、枝や葉に隠れている虫を、驚かせて落とし、下の網で受けるのだ。カミキリムシの採集方法として名高いものだが、テントウムシでもこうした採集方法をとることを初めて知った。

通りがかりのお母さんと子どもが「なんだろう？」という顔で見ている。僕は、こうした視線に出会うとついひるんでしまうが、オオハシさんは、まったく気にしていない。そしてしばらく叩いた後に、網の中を覗き込んだオオハシさんは、「アトホシヒメテントウみたいなのがいますね」と言った。1章で約一八〇種の日本のテントウムシのうち、多くの種類は体長数ミリしかないテントウムシであると書いた。アトホシヒメテントウも体長はわずか二ミリほどの小さなテントウムシだ。こうした小さなヒメテントウの仲間も見逃さないのがテントウムシ屋なのだ。

しかし、マツの木を叩いてみたものの、お目当てのクリサキテントウは落ちてこなかった。そこで、今度はマツの木とニラメッコをしてみる。すると、なにか小さなものがマツの葉の上についているのに気づいた。虫眼鏡で拡大して見ると、テントウムシの幼虫の抜け殻だ。

テントウムシの幼虫はいくつかのタイプに分けられるが、大きく括れば「ワニ型」と「トゲ怪獣型」になる。そのとき目にしたものはワニ型の幼虫の抜け殻だ。すると、クリサキテントウの幼虫の抜け殻かもしれない。続いて、テントウムシのサナギの抜け殻も見つかった。

「クリサキテントウのサナギ（口絵10）、見たことがないなぁ」

オオハシさんが、そんなことを口にした。幸い、この日、僕はそれまで書き溜めていた、テントウムシのスケッチを持参していた。その中には、クリサキテントウの幼虫やサナギのスケッチもある。そのスケッチと見つけたサナギの殻を比較して見ると、ぴったりだった。

「へーっ、これがクリサキテントウですか。発生していたんですね」

オオハシさんが、何やら感心している。ナミテントウやダンダラテントウと違って、クリサキテントウは、見つけるとそれなりに嬉しいテントウムシのようだ。ただ、この日、どんなにニラメッコをしてみても、残念ながら成虫は見つからなかった。やはり、クリサキテントウの発生期ではなかった。

ここで少し後日談を紹介したい。その後も折に触れてS公園でのテントウムシに気をつけて見たところ、クリサキテントウについて二つのことが新たにわかった。一つ目は、S公園ではクリサキテントウの成虫は、五月の初～中旬と一一月下旬～一二月の初旬の二回、発生が見られるということ。石垣島でも、一一月中旬にクリサキテントウの成虫を見ているので、琉球列島では年に二回発生しているのではないかと思う（さらに観察事例を積み上げる必要はある）。

二つ目は、S公園において、マツ以外の木のアブラムシで、クリサキテントウが発生しているということ。これは今のところ春季に限られているが、園内に植栽されたシマサルスベリで複数のクリサキテントウの幼虫や成虫の発生を見ている。二〇一四年五月一三日の観察例では一五本のシマサルスベリを観察したところ、そのうち六本で、総計、クリサキテントウの成虫（口絵3）が八匹、サナギ（口絵10）が二匹、幼虫（口絵9）が二匹確認できた（同時にダンダラテントウの成虫一八匹、サナギ三匹、幼虫一四匹とキイロテントウの成虫三匹、ハイイロテントウの成虫一匹も確認された）。これからすると、クリサキテントウはマツに限定されたテントウムシとは言えないことになる。クリサキテントウが本土ではマツに限定して見られるというのが、どのくらい他の種類のテントウムシたちの影響であるのかについては、さらに観察が必要だろう。

もう一度、テントウムシ屋のオオハシさんとのS公園の探索に話を戻そう。

嬉しい発見、次々

「この木はなんという木ですか?」

クリサキテントウに見切りをつけ、歩き出してしばらく、オオハシさんが、道脇に咲いている木の花をさして僕に聞く。テントウムシに気づくことのできるおまじないは「ショクブツヲミヨ」だった。そのため見慣れない植物を見ると、テントウムシ屋は変わったテントウムシがついていないかと気になるのだ。オオハシさんが目にとめたのは、シマサルスベリだ。庭によく植えられているサルスベリと同じく樹皮はつるつるしているが、サルスベリに比べると花は地味だ。オオハシさんは、今度は棒の先に網を取り付けなおすと、その捕虫網をシマサルスベリの花にかぶせてガサガサとゆすった。しばらくして、その網を手元に引き寄せ、網の中をチェックする。すると、「これはすごい」という声があがった。「やっぱり沖縄は全然違う」と。もちろん、テントウムシ屋がすごいと言うからには、網の中には「すごい」テントウムシが入っていたわけだ。ただ、日本産のテントウムシの半数以上が二ミリ程度の大きさのテントウムシなわけ。オオハシさんが手にした網の中にも、入っていたのは数ミリのテントウムシばかりだった。

「ヤンバルに行かなくても、十分、見たことのない種類が捕れるなぁ」

オオハシさんは、嬉しそうにそんなことを言っていた。このときオオハシさんが見つけた小さなテントウムシは、僕も以前に見つけたことがあった。どうやらケブカメツブテントウという種類ではないかと思う。ただし、正直なところ、体長二ミリのテントウムシを見ても「すごい」とは思えない。

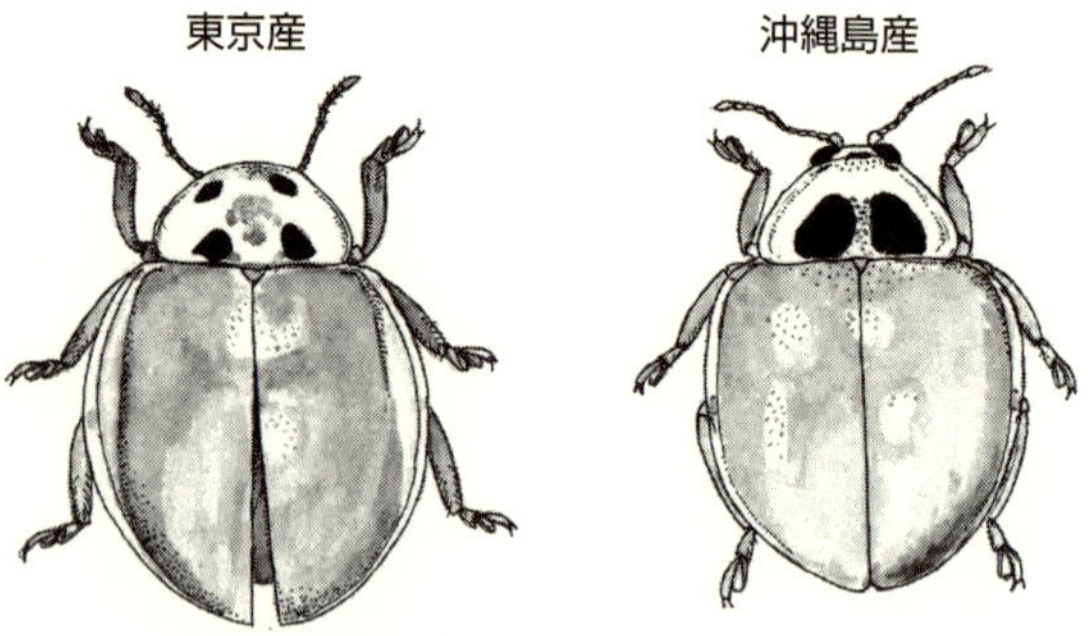

キイロテントウの仲間。東京産（左、5mm）と沖縄島産（右、4mm）

ここに、テントウムシ屋と僕の違いがある。

シマサルスベリの葉裏を覗き込むと、別のテントウムシがいた。体長四ミリほどで鞘翅《しょうし》が黄色のキイロテントウ（口絵7）だ。

「キイロテントウ、沖縄では普通ですか？」

オオハシさんが僕に尋ねてきた。キイロテントウは本土では普通種だ。ただし、地域が異なれば「普通」の中身は異なってくる。キイロテントウの場合は、沖縄でも普通種である。緑のほとんどない僕の大学の構内で見つけたことさえあるほどだ。ただし、本土のキイロテントウと沖縄のキイロテントウでは違いもある。キイロテントウの前胸は白く、そこに二つの黒点があるのだが、本土のものと、沖縄のものとではこの黒点の大きさが明らかに違っていて、それぞれ、別の亜種とされているのである。

オオハシさんは「亜種が違っています」という僕の一言に、「ホンマや」とうなずいていた。そして、「沖縄のキイロテントウの黒点、めっちゃ、でかいなぁ」と、何やら嬉しそうに言った。テントウムシ屋といえども、沖縄のテントウムシには見慣れな

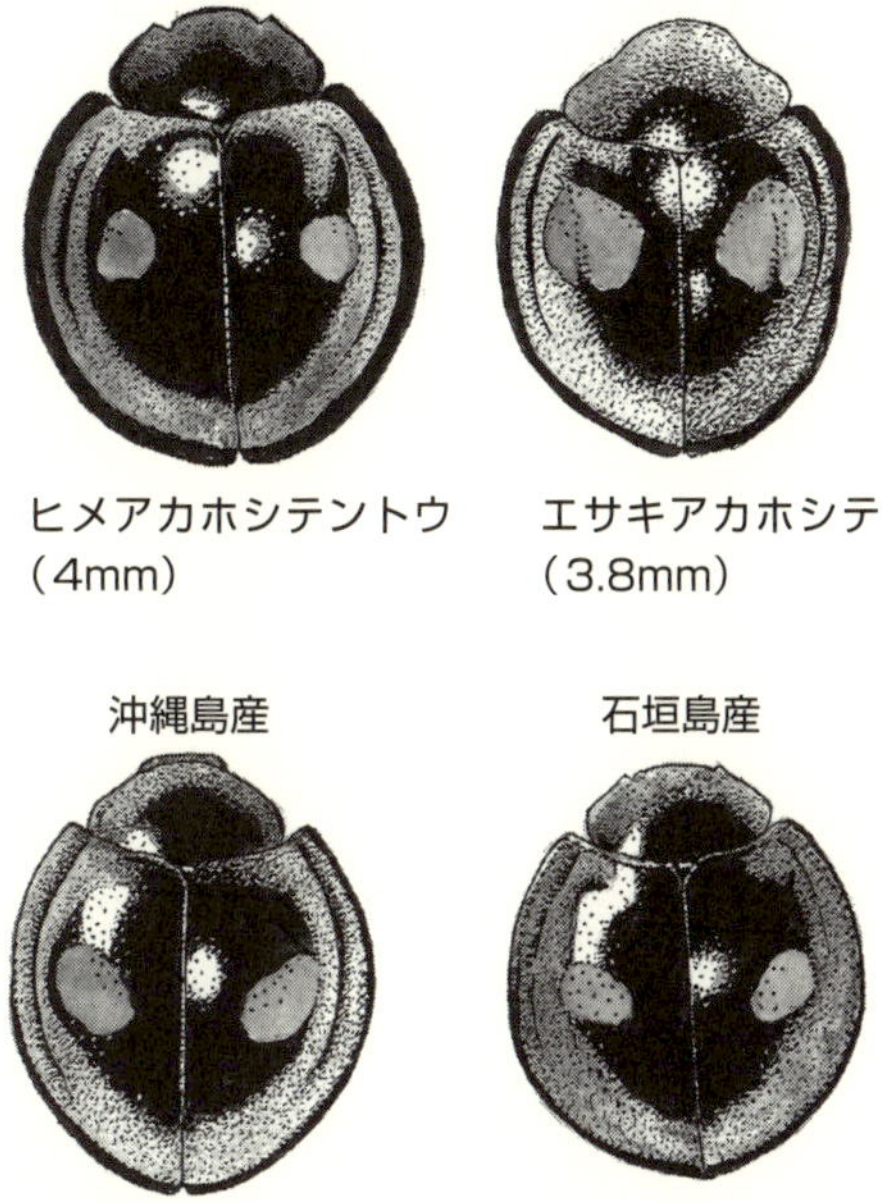

アカホシテントウの仲間。異なる種だけれど、模様はそっくり。体長はどれも3〜4mmほどで小さい

いことが多いというわけだ。

続いて、ソテツの植え込みを覗くことにした。ソテツの葉は硬く、あまり虫が好むようには思えないのだが、ソテツにはソテツならではの虫が、やはりついている。葉裏を覗き込むと、小さな丸い粒々が葉裏にくっついているのを見つけることができる。まったく動くことはないし、触っても硬く、虫とは思えない姿をしているが、カメムシ目のハンエンカタカイガラムシというりっぱな虫だ。このハンエンカタカイガラムシを獲物とするテントウムシがソテツには見られる。体長、三〜四ミリのアマミアカホシテントウである。

この日は、S公園内のソテツをくまなく探して、ようやく成虫を一匹だけ見つけることができた。

ちなみにこのテントウムシの仲間は、地域によって似たような姿をした別種が棲み分けている。たとえば僕の千葉の実家の周辺に植えられているソテツを見ると、ヒメアカホシテントウ（本州〜九州に分布）が見られるし、同じように、石垣島でソテツを見つけて葉裏を覗き込んだところ、今度はイシガキアカホシテントウを見つけることができた（この仲間は、本土〜八重山にかけて、地域ごとに別の種類が全部で五種類も棲み分けている）。同じ植物でも、別の場所で見ると、別のテントウムシが見つかることがあるのだ。

さらに公園内を歩いていく。事前に、植栽されているテイキンザクラ（トウダイグサ科）という花木に、カイガラムシがわいているのと、そのカイガラムシを餌とするテントウムシがいることはチェック済みだった。

テイキンザクラについているカイガラムシは、体表が硬くなく、白いもので、ミカンの害虫として名高いイセリアカイガラムシか、それによく似た種類だと思われるものだ。このカイガラムシを食べに集まっていたのは、全身がダイダイ色の体長四ミリほどのダイダイテントウ（口絵7）だ。この日は、成虫だけでなく、サナギ（口絵10）の姿もよく見られた。

「わーっ、カワイイ。これはすごい」

ダイダイテントウのサナギを見つけた、オオハシさんがひときわ興奮している（ダイダイテントウのサナギは朱色をしていて、なかなかキレイなのだ）。

「こりゃ、ダイダイテントウを持って帰ろう」

そう言って、サンプル瓶の蓋をはずして、中に落とし込んでもいた。S公園のテイキンザクラにはこのとき、いくらでもダイダイテントウがついていたのだが、オオハシさんは、本土でダイダイテントウを見たことがないという。ダイダイテントウは南方系のテントウムシのようだ（しかし沖縄でも、ダイダイテントウは、いつでも見られるとは限らないことが後にわかった。このとき以降、S公園のテイキンザクラでは、さっぱりダイダイテントウの姿を見ていない）。

「ここに、別なのがいますねぇ」

ダイダイテントウを見つけて興奮したかと思うと、一転、冷静な声でオオハシさんが言った。その指し示す先には、小さなヒメテントウの仲間がいた。そのうち、オオハシさんは、カイガラムシを一匹、枝からはがして、ルーペで覗き込み始めた。多くのカイガラムシのメスは、成虫になるととりついた枝に固着して、動かなくなる。そして、さまざまな物質で体を覆ったりする。また、その覆いの下に、産卵し、孵化した幼虫は、しばらくするとその覆いから自力で散らばっていく。オオハシさんがカイガラムシをはがして覗き込んだのは、こうした覆いの中の卵や幼虫を食べに、小さなヒメテントウ類の幼虫がもぐり込むことがあるからだ（実際、一匹の幼虫がもぐり込んでいた）。

最後に、オオハシさんは、テイキンザクラを網で一叩きして、「あーっ、ヒメテントウ、いろいろいますねぇ」と言って、そのヒメテントウ類を次々にサンプル瓶の中に放り込んだ。そのあとも、ギンネムでハイイロテントウを探し、ナス科のキダチチョウセンアサガオの葉の上ではニジュウヤホシテントウを見つけた。

「うーん、ニジュウヤホシテントウですけど、本土のものと比べると、斑紋が小さいですね。この虫は分布が広くて、東南アジアまでいて、東南アジアだと斑紋が違っていて、最初は別種だと思われていたのがDNAを調べたら同種だったという話もあります……」

そんなことをオオハシさんは言う。

もちろんテントウムシには国境はないので、別の国に行っても、日本で見られるものと同じ種類が見られることもあるだろう。一方で、本土と沖縄でも、同じ種類のテントウムシの斑紋が違ったり、普通に見られるテントウムシの種類が違ったりする。地域によって食性に違いが見られる場合もある。ニジュウヤホシテントウも、東南アジアではスズメナスビというナス科の植物をよく食べるというけれど、沖縄ではスズメナスビでニジュウヤホシテントウの姿を見たのは一度だけだ。

「それにしても、こんなに面白いテントウムシスポットがあるんですね」とオオハシさんが感心したように口ぶりで言った。「ヤンバルよりも、はるかにたくさんの種類のテントウムシが捕れました」とも。このオオハシさんのコメントを聞いて、どうやらテントウムシは、「街でも見ることのできる虫」というよりは、「街においてより見やすい虫」と言えるかもしれない……と僕には思えてきた。

「謎テントウ」の正体

S公園を後にして、さらに街中のY公園に行ってみる。S公園には植栽された木だけでなく森もあるが、Y公園の場合は、点々と植栽された木々と芝生があるだけだ。さすがに僕も普段なら虫捕りなどにはいかない場所だ。しかし、Y公園には、前々から特別なテントウムシがいることに気づいていた。Y公園は道路に面している。そして、道路にかけられた歩道橋の上から、Y公園に植栽された木々をちょうど見おろすことのできる場所がある。歩道橋の上から見下ろすことのできる木はヤシ科のビロウなのだが、そのビロウの葉の上に、独特なテントウムシがついているのだ。

テントウムシの体長は三・八ミリほど。体色はつやのある黒で、背中にはひとつのホシもない。最初は、図鑑を見てもそれらしきものが出ていない、名前のわからない謎のテントウムシだった。同じように真っ黒い色をしたテントウムシは図鑑に出ている。が、そのテントウムシは、イチイガシという関西以西に多いドングリの木で特異的に見つかるミカドテントウという種類だ。Y公園のテントウムシは、ドングリなんかではなくて、ヤシの仲間の木の上にいるし、そのほかの特徴からいっても、どうやらミカドテントウとは違う種類のよう。しかし、図鑑には載っていないので、しばらくの間は「謎テントウ」というあだ名で呼ぶより仕方がなかった。そのうち、大阪市立自然史博物館にテントウムシにも詳しいシヤケさんという学芸員の人がいることを知った。そこで謎テントウの標本を送り、同定をしてもらって、ようやくチュウジョウテントウ(口絵7)という名前のテントウムシだとわかった。

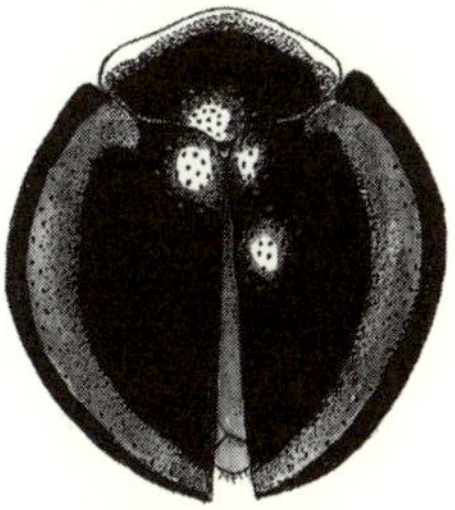

ミカドテントウ(3.2mm)

歩道橋に上がってビロウの葉裏を覗き込む。すると、葉裏を何匹ものチュウジョウテントウがちょろちょろと歩き回っている。その姿を見て、オオハシさんが嬉しそうに「わーっ、いる、いる。青みがかっていますねぇ。カッコイイ」と叫んだ。チュウジョウテントウは真っ黒のテントウムシなのだが、どこか青光りを思わせるツヤがある。加えて、チュウジョウテントウは本土では見ることのできないテントウムシだ。沖縄でビロウを見ると、ついこのテントウムシを探すのだが、今のところ、Y公園のビロウでしか見つけたことがない。つまり、チュウジョウテントウは、テントウムシの中では、そうそう、見つけることのできない珍虫だ。チュウジョウテントウは、小さいながらも、テントウムシ屋にしたら、「カッコイイ」わけだ。

ビロウの葉を見ると、サナギ（口絵10）もついているが、皆、抜け殻になっている。そのサナギの抜け殻が、何匹分か、かたまって葉の上についているのも面白い特徴ですね、とオオハシさんが指摘した。チュウジョウテントウの歩き回るビロウの葉は、一見、アブラムシも何もついていないように見える。ところがよく見ると、体長一ミリほどの小さな虫が、たくさん葉っぱに貼りついているのがわかった。きっとこれが餌なのだろうけれど、この虫が何なのか僕には正体がよくわからない。一方、オオハシさんは、「コナジラミの仲間かな?」と言う。

コナジラミは、植物の汁を吸って生きているアブラムシやカイガラムシに近いカメムシ目の虫だ。でも、あまりに小さすぎて、ルーペで見ても、どんな虫なのかよくわからない。それに、本当にこの小さな虫を食べているのかは、直接その現場を観察するまでなんとも言えません、ともオオハシさんは付け加えた。

チュウジョウテントウは、クチビルテントウ亜科のテントウムシで、亜科の下のグループにあたる属では、アマミアカホシテントウやアカホシテントウと同じ属に分類されている。正式に学名が付けられたのは、二〇〇五年のこと。こんなふうに名前も最近についたばかりのテントウムシなので、その暮らしぶりについては、まだまったくわかっていないのだ。

その後、定期的にY公園のビロウの上で見られるテントウムシ（成虫）の調査を行ったので、参考までにその表をあげておこう（表3）。調査してみてわかったのは、チュウジョウテントウは長期間にわたって、だらだらとビロウの上で見られるテントウムシであるということだ。

オオハシさんを空港まで送りに行く。

オオハシさんとのテントウムシ探検で確信を得られたことは、テ

表3　Y公園のビロウ上のテントウムシの数（半月ごとの調査 2014年〜2015年）

	チュウジョウテントウ	アマミアカホシテントウ	マエフタホシテントウ
5月初旬	0	0	0
5月中旬	0	0	0
6月初旬	8	1	0
6月中旬	3	3	0
7月初旬	2	1	0
7月中旬	1	1	0
8月初旬	1	0	1
8月中旬	2	0	0
9月初旬	5	0	0
9月中旬	5	3	0
10月初旬	28	3	0
10月中旬	4	0	0
11月初旬	8	0	0
11月中旬	3	2	0
12月初旬	1	3	0
12月中旬	1	2	0
1月初旬	1	2	0

ントウムシは、僕が最初に思っていた以上に街の虫と言えるということ。それはいったいなぜだろう。考えてみると、街中は森よりもテントウムシたちを見つけやすい場所だと思える。多くのテントウムシは、森の中よりも明るい場所が好みだ。そうした場所に生えている草や、光をあびて伸び始めている新芽に、餌となるアブラムシがたくさんいることが多いからだ。それに街中には、よくよく見れば、公園や街路樹、生垣に、いろいろな種類の木が植えてある。街中は、森に比べれば緑の量は多くはない。しかし、人間がいろいろな木を植えているので、案外多くの木の種類が見られたりする。植物の種類によって、たとえば棲みついているアブラムシには違いがあって、そのアブラムシの種類によって、食べることのできるテントウムシの種類も違っていた。そのため、植物の種類が多いと、テントウムシもいろいろいる……そういうことなのではないだろうか。

それから一〇日ほど過ぎた七月下旬。仕事で京都に行く用事があった。その折に、オオハシさんといっしょに、今度は京都の街中でテントウムシ探検を実行することにした。残念ながら、雨模様の天気だったので、傘をさしながら、街中を歩き回る。

テントウムシの夏休み

最初に足を踏み入れた公園の中で、テントウムシ屋のオオハシさんは、まずモモの木に反応していた。「普通、モモって、アブラムシだらけになるんですが……」と。ところが、アブラムシが目に留まらない。発生期が過ぎてしまったよう。こうなると、当然、テントウムシも見つからない。

春、植物たちが一斉に萌え出る季節、伸び出した新芽にアブラムシが発生するため、テントウムシたちもあちこちで目に留まる。一方、夏はアブラムシの姿は見えなくなる。夏はアブラムシが餌とする樹液の中の栄養状態が悪くなってしまうのだ。そこでアブラムシは夏のあいだ、木から草にすみかを移したり、活動を止めて休んで「夏眠《かみん》」する。これと合わせるように、夏はテントウムシのオフシーズンになる。知り合いの虫好きの編集者の息子さんが、夏休みの自由研究にテントウムシを選んだら、なかなかテントウムシが見つからなくて苦労をしていました……という話をしてくれたことがある。たとえばナナホシテントウでは、ススキなどの根際にもぐり込んで夏をやり過ごす……夏眠することが知られている。

「ナミテントウも夏眠するのですか？」

オオハシさんに聞いてみた。

「ナミテントウも、夏に探しても、なかなか見つかりません。たまに見つかるのは、桜の葉が枯れて巻いているようなものの中に隠れているものです」

こんな話をしながら、今度はウメの林の中へ。ここで、ようやく二匹ほど、アカホシテントウを見つけた。テントウムシ探しは「ショクブツヲミヨ」を唱えながら。つまり植物探しであるわけだ。アカマツを見つけると、当然、クリサキテントウがいるかどうか探してみたくなる。ただし、クリサキテントウも、夏は姿を見なくなるとのことだった。

「山のほうに移動するとか、マツのてっぺんのほうに移動しているとか言われていますが、よくわかっていないんです。ナミテントウは集団で越冬するのがよく知られていますね。クリサキテントウの場合は、越冬についてもよくわかっていません」

オオハシさんの話を聞くと、実はテントウムシは、わかっていないことが多いとわかる。

テントウムシの中には、アブラムシではなくカビを食べる種類もいる。餌がカビの場合、オフシーズンが夏とは限らない。また、こうしたテントウムシを探す場合は、病気になった植物に気をつけるのが、ポイントとなる。葉っぱが黄ばんでいるエノキが見つかった。

「ウドンコ病？」

病気にかかった木を見つけると、テントウムシ屋が嬉しそうになるのには、ちょっと、おかしくなってしまう。このエノキでは、まんまとキイロテントウが見つかった。さらに今度は、イチイガシが生えている。ドングリをつける木の仲間であるイチイガシには、ミカドテントウが特異的に見つかることが知られている。イチイガシにとりつく特異的なアブラムシがいて、そのアブラムシをミカドテントウは餌にしているからだ。残念ながら、真っ黒なミカドテントウは、一匹も見つからなかった。ミカドテントウもオフシーズンのようだ（後で調べてみると、夏のあいだ、ミカドテントウは木のてっぺん近くにいるという観察報告があった。それなら姿が見えないはずだ）。代わりに、ミカドテントウの餌となるイチイガシコムネアブラムシは見つかった。一見、葉の上についた、シミのようにしか見えず、拡大してもアブラムシのようには見えない変な形をしたアブラムシだ。

イチイガシには、オオツカヒメテントウという体長一・五ミリほどの小さなテントウムシがやはり特異的に見つかるらしいのだけれど、このテントウムシも残念ながら、この日は見つけることができなかった。オオハシさんによれば、「お尻にハートマークがついていて、結構、カワイイテントウムシ」だそうだ。

夏はテントウムシのオフシーズン。あちこち歩き回りながら、そのことを少しずつ、実感していく。テントウムシに興味を持つまでは、テントウムシがいない季節があることにも気づいていなかった。たとえいても気にされず、いなくても気づかれない。テントウムシはそんな存在なのかもしれない。

続いて京都大学の構内に入ってみた。アオギリが生えている。アオギリでは何か見つかるだろうか。以前、オオハシさんは大学の構内のアオギリでアミダテントウ（口絵11・12頁）を見たことがあるという。

アミダテントウは体長四・五ミリほどと、それほど大きなテントウムシではないが、特徴的な斑紋で、日本のテントウムシを美しさの順位

表4　日本で見つかっている外来種のテントウムシリスト

種名	最初の発見（導入）年
インゲンテントウ	1997
クモガタテントウ	1984
ケブカメツブテントウ	1988
ツマアカオオヒメテントウ	1935・1979（導入）
ハイイロテントウ	1987
ハラアカクロテントウ	1987
フタモンテントウ	1993
ベダリアテントウ	1909（導入）
ミスジキイロテントウ	1985
ミナミマダラテントウ	1997
ムネハラアカクロテントウ	
ヨツボシツヤテントウ	
カタボシテントウ	2008

（『テントウムシの調べ方』より改編）

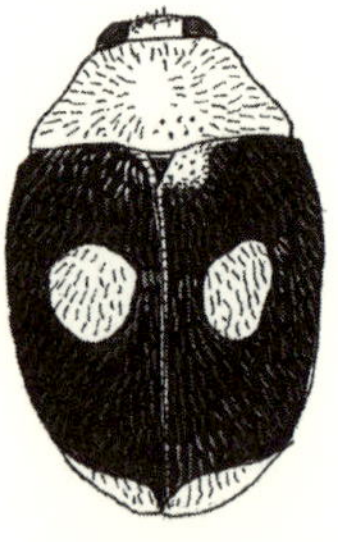

ハレヤヒメテントウ
（1.9mm）

に並べたら、上位に入るものだろう。沖縄には分布していないこともあり、僕にとってはアコガレのテントウムシのひとつだ。そんなテントウムシも見つかったことがあると聞いたので、注意深くアオギリの葉裏とニラメッコをしてみる。すると、小さなテントウムシがうろついているのが目に入った。クモガタテントウ（口絵11・12頁）だ。体長二ミリほどと小さなこのテントウムシは外来種だ（表4）。

クモガタテントウは北米原産のテントウムシで、菌食のテントウムシである。このテントウムシが見つかったということは、アオギリにウドンコ病かなにかが発生している。はたして、キイロテントウもたくさん見つかった。さらに探すと、キイロテントウのサナギも見つかった。沖縄でもキイロテントウは見られるが、それまでサナギを見たことがなかったので、これは嬉しい見つけものだった。

面白いことに、菌食ではなく、捕食性であるはずのコクロヒメテントウやハレヤヒメテントウもクモガタテントウと混じって歩き回っていた。捕食性のテントウムシもカビを食べるのだろうか？

季節はテントウムシのオフシーズンだったけれども、それでも街中に多くのテントウムシがいることを、京都でも確認ができて、それなりに満足なテントウムシ探検となったのだった。

4章　消えたオオテントウを探して

オオテントウはどこへ？

テントウムシのことをあれこれ見ていく中で、あらためて、幻のオオテントウ（口絵1）を探し出せないかと思う。そこで、それまでのテントウムシ探検でわかってきたことを総合して考えてみることにした。テントウムシを探すときのおまじないは「ショクブツヲミヨ」だ。つまり、オオテントウを探すには、オオテントウがなんという植物に来ているのかを知る必要がある。もう一度、図鑑を見てみることにする。図鑑を見ると、オオテントウはカンシャワタアブラムシを食べると書いてある。カンシャワタアブラムシは、その名のとおりカンシャ（サトウキビ）の害虫だ。ここで、もう一度スギモト君に話を聞いてみると、スギモト君がオオテントウを見つけたのも、サトウキビ畑だったというではないか。それなら、サトウキビ畑へ行ってみることにしよう。

「うーん」

オオテントウを探し始めて、すぐにうめき声をあげてしまう。

目の前には、見渡す限りにサトウキビ畑が広がっている。なにせ、僕の暮らしているのは沖縄なのだ。沖縄ではサトウキビ畑は、それこそ普通の光景である。どこを探してよいものやら、まったく的が絞れない。それに、サトウキビ畑はほかにほとんど虫がいないような環境だ。そんな中だと虫探し自体への集中力も途切れがちである。オオテントウは珍虫……つまりは、そんなに数はいない虫に思える。それに加えてこうした状況では、たとえいたとしても探し出すのは大変だ。

もう少し作戦を練り直す必要があると思い返した。今度はカンシャワタアブラムシについて、さらに調べ直してみることにする。サトウキビの害虫について書いてある論文を調べてみると、カンシャワタアブラムシの発生は、春の四月ごろと秋の一〇月ごろと書いてある。なるほど。テントウムシには夏休みがあった。探す場所だけでなく、探す時期も大切なのだ。夏も終わり、秋になった。再びサトウキビ畑を見て回ることにした。しかも今度はテントウムシではなく、まず、アブラムシを探してみることにした。ダメ。まったく見つからない。

さらにもう一度、作戦を練り直す必要に迫られる。サトウキビは、沖縄では重要な作物だ。カンシャワタアブラムシは、その重要作物の害虫である。もし、カンシャワタアブラムシが大発生したら、新聞などで報道されるだろう。そこで、インターネットを使い、二〇〇〇年からの一〇年間ほどの新聞記事からカンシャワタアブラムシの名前を検索してみることにした。ところが驚いたことに、ヒットしたのは、一件だけ。そこでさらに調べてみると、昔はサトウキビにカンシャワタアブラムシはよく発生したものの、サトウキビの品種を改良したことと、同時に栽培方法が変わったことで、カンシャワタアブラムシはあまり発生が見られなくなったことがわかった。もちろん、サトウキビ農家の人にとってはいい話だ。しかし、僕はオオテントウを見つけることを少しだけあきらめ始めた。

仕事で、九州の宮崎に行くことになる。これが一一月のこと。宮崎といえども、冬を間近に控えた季節に加えて雨混じりの天気で、風は冷たく感じられた。それでも、せっかく宮崎に来たのだ。仕事を終えた僕は、宮崎の生き物つながりの友人たちと宮崎の自然を見に出かけることにした。ガイドをしてくれたのは、テントウムシ屋ならぬ、キノコ屋のクロギさんだった。実は僕は冬虫夏草というちょっと変わったキノコにも興味があって、キノコ屋とのつながりが若干あるわけなのだ。

縁は不思議なものだと思う。キノコ屋のクロギさんといっしょに宮崎を回り始めたのだから、このとき、僕の中のテントウムシへの興味はとりあえずお預けになっていた。季節的にもテントウムシの活動期は過ぎていた。ところが、ふとしたきっかけで、クロギさんがアブラムシの話をし始めたので驚いてしまった。クロギさんは、キノコ屋であり、かつ植物屋なのだ。確か虫なんかにはまるで興味がなかったはずなのだけれど……。

キノコ屋の大発見

クロギさんは「タケツノアブラムシって、知っていますか?」と僕に話を始めた。タケツノアブラムシといえば、本で読んだことがあったなと記憶を呼び覚ます。確か、兵隊を持つアブラムシであったはず……。アブラムシは集団で生活しているわけだが、一部の幼虫が、天敵から集団を守るための役割を果たすために、普通の幼虫とは姿も異なる「兵隊」となるという。アリやシロアリなどのようなカーストを分化させたアブラムシで、その発見は大きな話題になった。

宮崎ではタケツノアブラムシは、ホウライチクという移入され人里に植栽されている竹のタケノコに発生するのだとクロギさんは言う。アブラムシはもちろん、タケノコの汁を吸う。アブラムシは糖分を含んだ木や草の汁を吸い、それがアブラムシの栄養になるのだけれど、糖分だけでは成長することができない。成長をするためには、タンパク質をつくるための窒素分も必要となる。ところが木や草の汁は、糖分に比べ、窒素分の含まれる割合が小さい。そこで必要な窒素分を吸収しようとすると、糖分のほうは、必要以上に吸収してしまうことになる。この余った糖分をアブラムシは排泄する。この排泄される糖分（甘露）を目当てにアリが集まってきたりするわけだが、それでも余った甘露は、そのまま捨てられてしまう。

「その、アブラムシが捨てた甘露を分解する菌がいるんです。スス病菌の仲間です」

クロギさんは、そのアブラムシが捨てた甘露を分解する菌に興味があるのだ。思わぬことでアブラムシと菌がつながっているので、驚いてしまう。アブラムシの発生している植物を見ていると、アブラムシのとりついている部位より下に位置している植物の葉などが、捨てられた甘露でべたべたしていて、さらに黒いススのようなもので汚れているのを見ることがある。この黒いススのような汚れが、スス病菌というカビの仲間なわけだ。クロギさんによれば、タケツノアブラムシは、大集団をつくるので、捨てる甘露の量も多く、結果としてそれを分解するスス病菌も「大型」になるということだっ

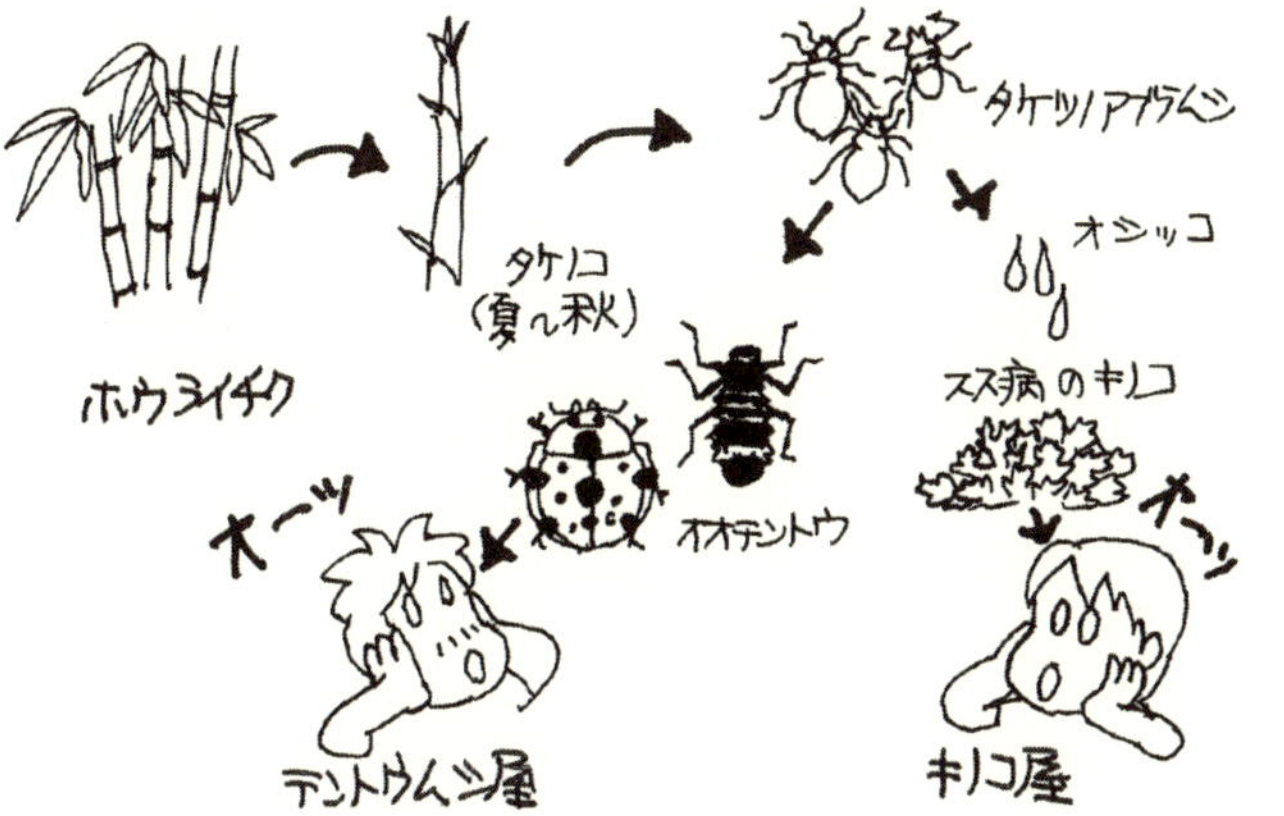

ホウライチクのタケノコから、タケツノアブラムシ、スス病のキノコ、オオテントウまでのつながり

た。スス病は普通、それこそススがこびりついたようなカビ状の菌なのだが、それがキノコ状にまで膨らむというのである。

「ホウライチクのタケノコの下に、黒いところがあるなあ……と見ると、そのキノコ状のものがあるんです。最初に見たときは、何じゃ、こりゃと思いました。調べても日本には記録がないぞと。ただ、今のところ、分生子だけで、有性の胞子が見つかっていないんで、正式な記載ができないでいるのですが」

そんなふうに、話が続く。菌は二つのタイプの顔を持っている。分生子と呼ばれる体の一部が分裂した、無性的（クローン的）な繁殖を行う無性世代と、動物でいえばオスとメスのような性を介した繁殖を行う有性世代との二つのタイプだ。

クロギさんが見つけたキノコ状（形としては、キクラゲのような姿とのこと）にまで成長するスス病菌の場合、分生子しか見つけられていないので、学名をつける際の種の決め手となる特徴を、十分に知り得ていないというわけ。そのため、クロギさんは、このキノコ状のスス病菌の発生期に継続観察をしていると僕に言った。

もっとも、さらに話を聞くと、最初にこの菌を見つけたときは、竹の下に生えている菌にだけ気づいて、アブラムシの存在は目に入っていなかったそうだ。正体のわからない菌を見つけて、専門家に送ったところ、その専門家から、「アブラムシはいませんでしたか？」という指摘をされて、初めてアブラムシが発生していることに気がついたのである。

さて、この話を、僕は最初、「ふーん、そんな菌もあるのか」というぐらいの軽い思いで聞いていた。いや、キノコの中でも虫にとりつく冬虫夏草に興味がある僕が言うのも何なのだけれど、ずいぶんとクロギさんは物好きなんだなとも思ってしまったぐらい。いわば、アブラムシのオシッコの分解菌のウオッチャーなわけだから。ところが、しばらく話を聞いているうちに、また思い出したことがある。それは、「オオテントウはサトウキビだけではなくて、竹につくアブラムシにも来る」という話だ。

「竹のアブラムシに、オオテントウなんていないですよね？」

軽い気持ちで、クロギさんに聞いてみた。

「幼虫が怪物みたいに大きな奴ですか？　成虫は真ん丸の？　それで、日本一、大きいっていうテントウムシ？」

驚いたことに、クロギさんがすぐに僕に、そう問い返してきた。そう、まさに、そんな虫こそオオテントウだ。

「います、いますよ。スス病見に行くと、毎回、竹についていますよ」

クロギさんが、さも当たり前のように言うので、驚倒しそうになった。

「この前、虫屋をスス病の観察に連れて行ったら、〝オオテントウ、初めて見た〟って、興奮してましたけれど。でも、〝へーっ、そうなんだ〟って感じでしたけど」

クロギさんの話の続きを聞くうちに、今度はなんだか脱力してしまう。キノコ屋にとっては、ただの大きなテントウムシにすぎないわけだ。しかし、こんな形でオオテントウの情報に出会うとは思ってもいなかった。

クロギさんの話では、オオテントウの餌になるタケツノアブラムシは、ホウライチクのタケノコに集団でとりつくと言う。ホウライチクのタケノコは八月ごろから発生し、アブラムシもそれに合わせて姿を見せ、一〇月末ごろまでは見られるらしいのだけれど、その時期を過ぎて、すべてのタケノコが成長して硬くなってしまうと、アブラムシの姿は見えなくなってしまうらしい。当然、オオテントウもその時期にしか、ホウライチクの周辺では姿が見られない……。

この年、最後にアブラムシとスス病を観察したのは、一〇月二〇日頃。僕がクロギさんにこの話を聞いていたのは一一月も二〇日過ぎ、もう時期とすれば一か月も遅い。クロギさんの話を聞いて、幻のオオテントウに間近まで迫った嬉しさがある反面、時期を逃してしまった口惜しさがこみ上げてきた。なにせ、テントウムシは、いるときは普通にいるけれど、いないときはまったく見つからない虫だから。

「あれって、そんなに珍しい虫なんですか？　今年見たテントウムシを思い出せといっても、オオテントウだけじゃないかな……」

無情にもクロギさんが追い打ちをかける。

「でかいなぁ。幼虫も大きくて、怪獣映画に出てきそうだなぁ。そうは思いましたけど、見つけても、素通りですよ。本当に珍しいんですか？　スス病の観察に行けば、必ず見てますよ。発生時期、一週間に一回は行っていましたけども」

もう、開いた口がふさがらない。ここまで言われるとなんだか悔しいけれど、オオテントウを見るために、来年、夏の終わりにまた宮崎に来ようと思う。

「テントウムシを見るために、飛行機賃、何万円もかけて？　もったいないですよ。あんなもの、宅急便で送りますよ。あんなものが、レアなんですか？」

ついに、クロギさん、オオテントウを「あんなもの」呼ばわりをし始めた。クロギさんが、キノコ状に成長するスス病菌を観察し始めて三年になると言う。クロギさんのオオテントウは「あれだけ目立つものだし、行けばいつもいるから、珍しいものじゃないだろう」という指摘は間違ってはいない。ただし、それはオオテントウの餌場を押さえているからだ。逆に言えば、オオテントウにせよ、ほかのテントウムシにせよ、餌場を押さえられない限り、見つけるのは難しいものが少なくない。

ついに発見

それでも、せっかく宮崎まで来たのだからと、アブラムシの発生していたホウライチクが植えられているところまで連れて行ってもらうことにした。最初に案内してもらった場所は、とある公園の裏山だ。裏山の尾根に沿ってホウライチクが植栽されていたので、境界を示すために植えられたものだろう。ホウライチクは、モウソウチクやマダケのように、一面に一定の距離を離して稈が出るという生え方ではなく、株立ちして生える竹だ。そのため、面として広がって行かないので、境界線に一列に植えるのも可能なわけ。

タケノコの時期は終わってしまっているので、タケノコそのものの姿はなかった。ただし、伸びきったばかりの若い竹の稈には、まだタケノコの皮が落ちずに残っていた。稈をよく見ると、黒く汚れているのがわかる。この黒い汚れこそ、タケツノアブラムシの甘露から発生したスス病の名残なわけだ。少々未練たらしく、周囲を探し回っていると、ようやくオオテントウの幼虫の抜け殻を見つけることができた。たかだか幼虫の抜け殻だが、また一歩、オオテントウに近づくことができたという思いがわきあがってきた。

「あんなにたくさんいた、アブラムシはどこに行ってしまうんでしょうね」とクロギさんが言う。オオテントウもいずこに姿を消したのだろうか。どこかで越冬をし、翌年のタケノコのシーズンを待つのだろう。夕方が近づいてきた。暗くなった林から、外に出て、帰ることにした。

翌日。もう一日、宮崎で生き物探しをできる日程があった。天気は、曇り。昨日同様、クロギさんにあちこち、案内をしてもらう。オオテントウには未練があったものの、前日の探索結果から、ある種、あきらめはできていた。やはり、来シーズンの到来を待って、宮崎に観察に来たほうがよさそうだ。そこでこの日は、海岸のキノコ探しをしてみた（海岸特有のキノコなどというのもある）。

海岸沿いのポイントを求めて車を走らせていくうちに、道から見える川沿いに、ホウライチクが生えているのが目に入った。ホウライチクは面として広がらないため、川沿いの土手に、土止めとして植えられることも多いのだ。ホウライチクが目に入ると気になってしまう。そこでクロギさんに頼んで車を止めてもらい、ホウライチクを見てみることにした。やはり、まだタケノコの面影を残す若い竹があったものの、その場所のホウライチクには、アブラムシの発生した痕跡自体が見つからなかった。すべてのホウライチクにアブラムシが発生するわけではないのだ。

川沿いの道に少しそれることになったので、この林道を少しだけ上流に向かってみることに。途中の林床にナチシダという大型のシダが生えているのが目に入ってきた。虫やキノコだけでなく、僕はシダも好きな生き物のひとつだ。ナチシダは姿がなかなかカッコイイ・シダだと思うのだけれど、クロギさんに言わせると「アウト」なシダとなる。というのも、クロギさんが案内してくれた一帯はシカが増えていて、植物の中でシカが好んで食べるものは数が減ってしまっていて、逆にシカの好まない植物だけが増えているのだ。そして、ナチシダは、そうしたシカの好まない植物のひとつだ（人間にも有毒な成分が含まれている）。

ナチシダが目立つということは、それだけ自然のバランスが崩れている証になる。こんなふうに田園風景が広がる宮崎の郊外であっても、時代の変化による、自然への影響があるわけなのだ。

川沿いに、大きな株立ちをしていて、稈も立派なホウライチクが生えているのが目に入った。クロギさんがスス病を観察していたホウライチクのひとつだという。稈を見ると、スス病の名残だけでなく、アブラムシの残骸もまだ残っていた。アブラムシが発生していたのは、つい先日のことのように思えるほど。思わず、「おしい」と思ってしまう。

ホウライチクの株の下には、甘露に発生したスス病でまっ黒くなった落ち葉が見えた。キノコ状のものは、最後には融けてしまうので、今の時期には姿がないはずなのだけれど、分解されきらなかった、干からびた真っ黒のキクラゲみたいなものが一塊だけ残っていた。「本当はもっと、ビューティーなキノコなんですけどね」とクロギさんは言いながらも、こうして形が残ることもあるのは、新知見だと喜んでいる。

僕のほうは、さきほどから降り始めた小雨の中、未練が再発されて、竹の葉裏をしきりに覗き上げていた。「赤くて、丸いものはついていないよなぁ」と。しばらくそんなことを続けていたのだが、やはり、見つからない。ひょいと足元を見ると、シダが生えている。イシカグマという、これもシカがあまり好まないシダだ。沖縄でも見られるシダだけれども、沖縄ではそう、あちこちにあるシダではない。イシカグマは南方系のシダで、僕の生まれた館山が北限の生育地となっている。そのため、僕にとっては幼馴染のような思いのするシダで、気になってしまうシダのひとつだ。シダはよく似た姿のものも多く、より詳しく観察するためには、葉裏をめくって、葉裏についているソーラス（胞子をつける部分）の形を見る必要がある。そのため、シダを見ると、つい葉をめくる癖がある。と、イシカグマの葉をめくって、息をのんだ。なんと、葉裏にオオテントウがくっついていたではないか。

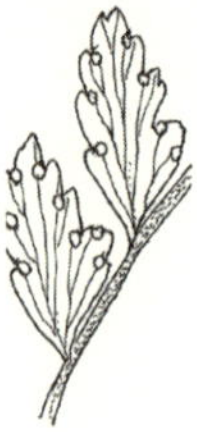

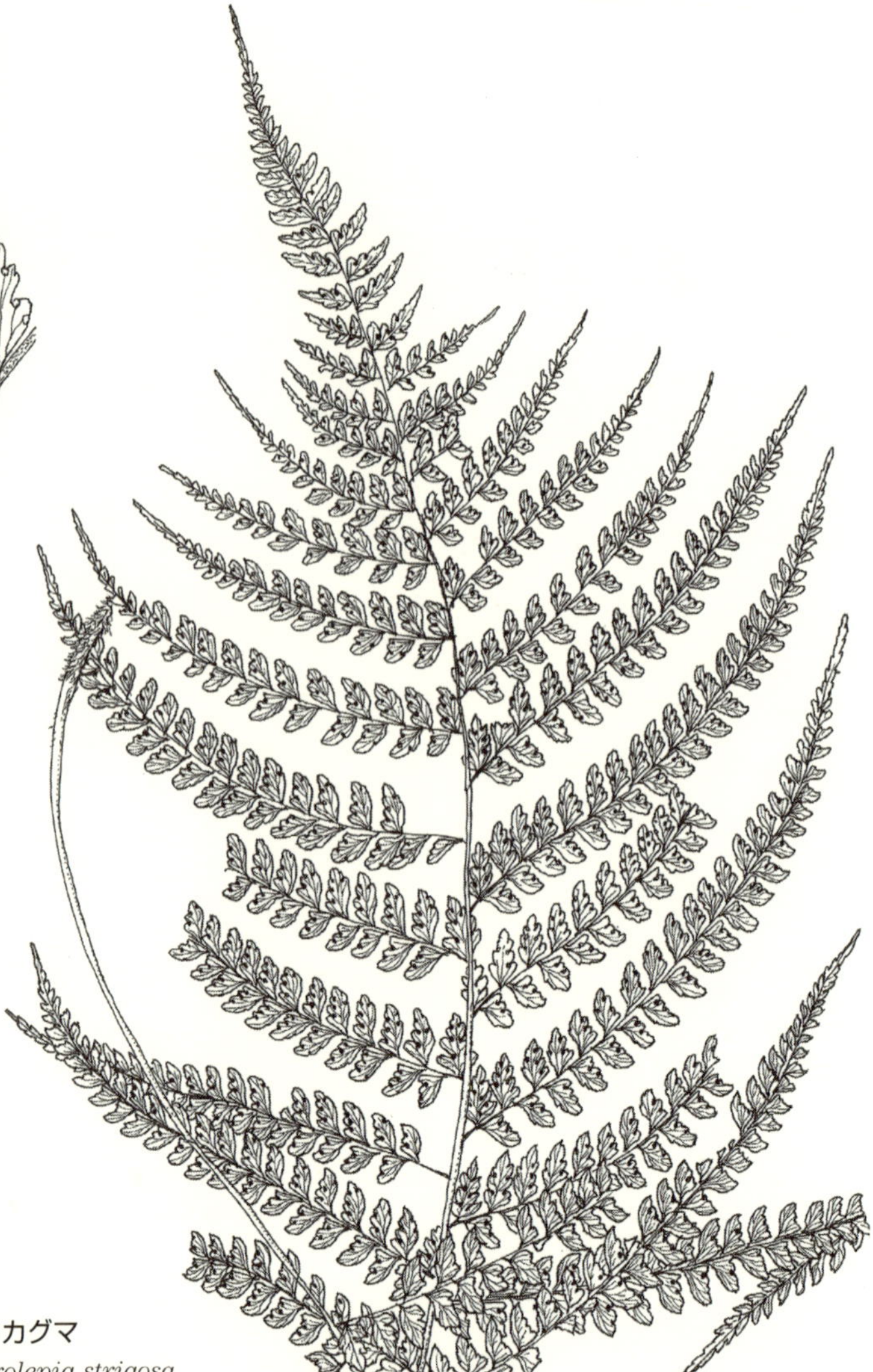

イシカグマ

Microlepia strigosa

（沖縄・大宜味）

「いたっ！」

思わず、叫んでしまった。

「引き」がいいいとはこのことで、この後、周囲のシダの葉をひとしきりめくったものの、二匹目はついぞ見つからなかった。おそらく、たまたま越冬場所に移動する前に、発生場所で休息していた個体がいたということなのだろうけれど、とうとう、生きているオオテントウをこの目で見ることができた。

何が幸いするかはわからない。キノコやシダに興味を持っているという変則的な虫好きであったことが、オオテントウの発見につながったのだから。

沖縄にオオテントウがいなくなった理由

宮崎で見つけたオオテントウを、沖縄に戻って、知り合いの虫屋たちに見せてみた。

「私が高校時代は普通にいましたよ。標本箱にもオオテントウの標本が入っているぐらいだから」

虫屋の中でも、僕よりずっと年上のナガミネ先生は、そんなふうに言う。ナガミネ先生はチョウ屋だ。チョウ以外の虫の採集にそれほど熱心でなかった先生の標本箱の中にも入っているぐらいだから、普通にいた虫なんだよ……というわけだ。

なぜ、昔は普通に見られたオオテントウが、沖縄では珍しくなってしまったのだろう。あらためて考えてみることにした。宮崎でオオテントウがいたのは、ホウライチクのタケノコだった。かつてホウライチクは、沖縄でも盛んに植栽された。この竹から、カゴなどさまざまな生活用品が作られたからだ。また、沖縄でも土手が崩れないようにと、川沿いにホウライチクがよく植えられていた。

「ホウライチクは、もともと、民家のまわりにいちばん普通にある竹だったよ。でも、そのホウライチクが減ってしまったね」

ナガミネ先生は、そんな話も教えてくれた。

時代が変わって、川の土手はコンクリートで護岸をされるようになった。竹で作られていたカゴは、プラスチック製品にとって替わってしまった。ホウライチクの出番がなくなってしまったわけだ。

手元にあった、沖縄市郷土博物館刊の『第三七回企画展　竹と人』のパンフレットをめくってみる。これは沖縄市・上地の竹細工を中心とした展示会の解説書だ。沖縄市の場合、竹細工に使われたのは、主にホウライチク、ホテイチク、ダイサンチク、リュウキュウチクの四種類であると書かれている。ホウライチクは沖縄口《うちなーぐち》（沖縄の方言）でンジャタキ（苦竹）、ニガダキ、シマダキ、ウビダキ（桶の帯にする竹の意）、クーダキ、ゲッタキ、インザダキ、カーダキ（川竹）などさまざまな呼び名があったともある。ホウライチクは「皮に粘りがあり、かご作りに最適で、竹細工に多く用いられます。生垣や川の土砂止め、集落内の屋敷林として植栽」された、インドシナ原産の竹……と紹介されている。

ホウライチクを使った細工物で、いちばん利用されたのは各種のバーキ（ザル）だろう。ちなみにホウライチクのタケノコをゆでて食べてみると、かなり苦いものだった。一度ゆでて、一晩水にさらし佃煮にすると、うっすらと苦く、食べた後、何かのどに違和感を覚えるほど。食用にするには、木灰などを使って、もっときちんとあく抜きをする必要がありそうだ。これが苦竹の名の由来だ。

では、いつごろまでホウライチクは利用されていたのだろう。この点についての記述も、このパンフレットの中に書かれていた。「沖縄が日本復帰した一九七二年の頃まで、各地でバーキが売られていました。考古学の発掘現場でも、土砂運びにバーキが使われるのが普通でした。その頃は中南部の家々の生垣に、バーキの原料であるホウライチクがたくさん見られました」と書かれている。本土復帰（一九七二年）……というのが、変化のひとつの区切りになるわけだ。

本土復帰から四〇年が過ぎた。それでもまだ、消えずに残っているホウライチクもある。そこで、今度はホウライチクに的を絞ってオオテントウを探してみることにした。はたして、タケノコにタケツノアブラムシが発生しているのは見つけることができた。ただし、その発生量は宮崎のそれと比べるとわずか。手入れもされておらず、周囲の木々に押されて、ホウライチクの成長にかげりがあるのがその理由ではないか。そして結局、僕の見つけたタケツノアブラムシのついているホウライチクの周囲では、オオテントウの姿は見つからなかった。

オオテントウは大型のテントウムシだ。そのため、餌となるアブラムシが十分に発生していないと、生活することが難しいのではないだろうか。たとえホウライチクが残っていても、オオテントウの生活を支えるだけのアブラムシの発生が見られなければ、オオテントウを見ることは難しそうだ。

さらに、時代の変化とオオテントウの消長についての追加情報を久米島ホタル館のサトウさんから聞くことができた。久米島は那覇空港からわずか二五分のフライトで到着する。こんなふうに久米島は沖縄島とそれほど離れておらず、また沖縄島よりもずっと小さな島だけれど、クメジマボタルやキクザトサワヘビといった、固有の生き物たちが見られる島だ。サトウさんは、年は僕よりも数歳しか違わないが、大学時代から沖縄に住んでいるため、沖縄在住歴は三〇年以上になる。

「サトウキビの栽培方法が一九八〇年代に変わったのを知っていますか？　それを機にオオテントウは姿を見なくなっていきました」

サトウさんは、そう話を始めた。

「宮崎ではオオテントウがホウライチクにいたんですけど……」

「そうですか。宮崎のホウライチクは、オープンな環境に生えていませんでしたか？　沖縄では昔はホウライチクをたくさん使っていたので、そのころはオープンな環境にホウライチクが植えられていて、そうしたホウライチクにはオオテントウがいたかもしれませんね。でも、やがてホウライチクが使われなくなって、ホウライチク自体減ってしまったのと、残っているホウライチクも林の中にポツポツと残っているようなものになってしまいました。ですので、オオテントウはホウライチクからサトウキビにつくアブラムシに鞍替えしたんじゃないでしょうか。ぼくは、沖縄島のヤンバルに一九八四年から七年間、住んでいましたが、そのころ、オオテントウ、見つけて捕っていますよ。ヤンバルでは普通にいました。それが、一九九〇年代に入ると、捕れなくなってしまいます。久米島でも昔はオオテントウがいましたが、今はいません」

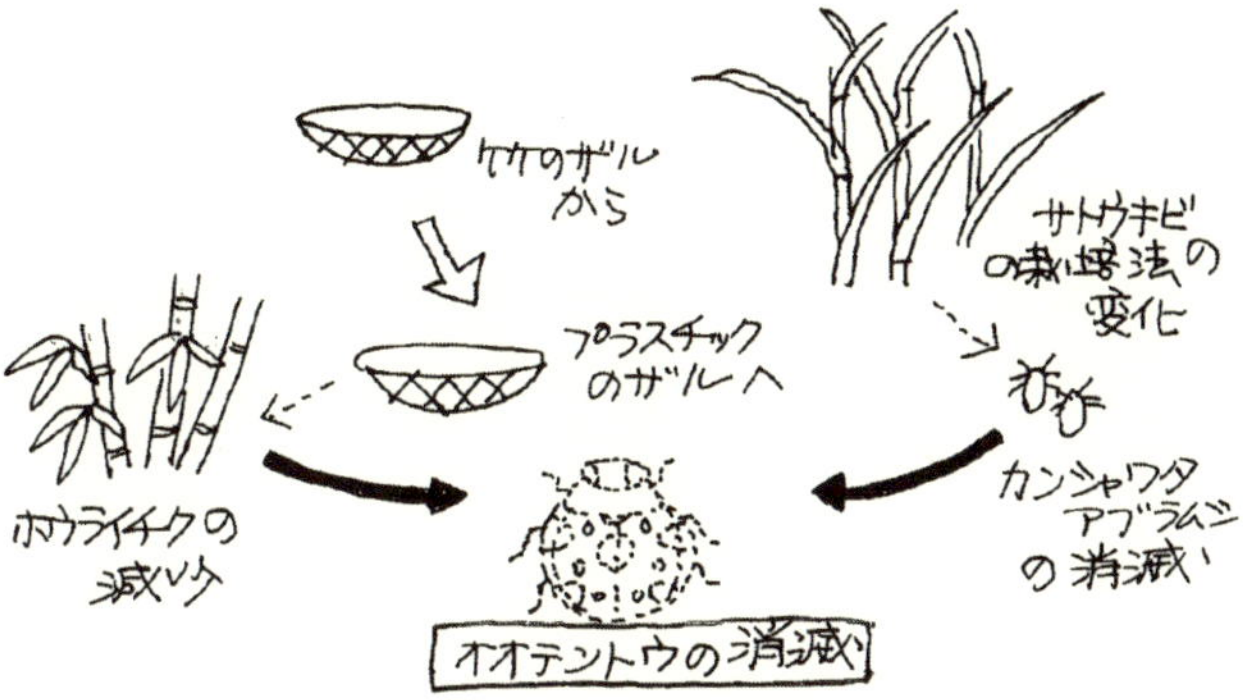

沖縄のオオテントウがいなくなってしまった理由

なるほど。だいぶ、話がつながってきた。ホウライチクが減ってしまったことに加えて、一九九〇年代以降に、サトウキビの品種や栽培方法が変わって、サトウキビでもカンシャワタアブラムシの大発生が見られなくなり、結果、オオテントウが姿を消してしまったようだ。

宮崎再訪

一方、その後、宮崎に何度か行ってみたのだが、確かに時期が合えば、オオテントウは普通の虫だった。初めてオオテントウを見た翌年の八月下旬に宮崎を再訪したところ、なんと、一本のタケノコに、七匹ものオオテントウの成虫がくっついていたりして、「あれだけ探し求めていた虫なのに」と驚かされてしまった。このときは、成虫ばかりではなく、卵や幼虫も見つかった。

体の大きなオオテントウは、幼虫も迫力がある。それにしても、オオテントウはホウライチクのタケノコの時期にはこうしてアブラムシを食べて卵を産み、成長している姿も見ることができるけれど、秋遅くになってホウライチクのタケノコが伸びきってしまったら、あとは翌年のタケノコの時期まで、どこで何をしているのだろう？　ナナホシテントウには夏眠が見られるが、オオテントウは、一一月ごろから翌年の八月まで長い休眠状態をとっているのだろうか？　そのあいだ、どこにいるのだろう？　何も食べずに過ごすのだろうか？　オオテントウの姿を見ることができたけれど、まだまだわからないことばかりだ。

気をつけてみると、宮崎ではあちこちにホウライチクが植えられているのが目に留まる。これだけホウライチクがたくさんあるから、オオテントウが生きていられるのだな……と思う。宮崎でも、昔と比べたら、ホウライチクを利用する機会は減っているだろう。けれど、とりあえず、身近な自然の中からホウライチクは消えてはいない。そこが、沖縄との大きな違いだ。思い返してみると、僕が最初に出会ったオオテントウは種子島の知人から送られてきたものだった。種子島にも、防風林や生け垣としてホウライチクが見られるのだ。こうして見ると、オオテントウは街の虫ではなくて里の虫と言えそうだ。

テントウムシには街の虫も多く見られたのだが、決してすべてのテントウムシが街の虫だというわけではない。また、時代によって人の暮らしが変わる中、その人々の暮らしの変化の影響に左右されるテントウムシがいることも見えてきた。テントウムシを見ているうちに、「テントウムシから見えることがある」と、僕は少しずつ気づき始めた。

そして、僕のテントウムシを追いかけての島めぐりが始まった。

5章　ハワイのテントウムシ

島の虫

テントウムシを追いかけているうちに、テントウムシそのものだけでなく、テントウムシから、人と自然のかかわりが見えてくることに気がついた。たとえば僕の住む沖縄には、沖縄独特の自然がある。それだけでなく、目の前のその自然には、人とのかかわりの歴史も隠されている。そうしたことが、テントウムシから見えてくる。そんなことを考えているうちに、どうしても行きたくなってきた場所がある。それが、ハワイだ。

日本は島国だが、本州や九州、北海道などはかなり大きな島なので、日常の中で島暮らしをしている感じはあまりしない。一方、沖縄島はずっと小さい。そのため、那覇という都会にいても、より島暮らしを感じる場面がしばしばある。八百屋を覗けば、シマニンジンやシマダイコンのような郷土野菜が売られているし、飲み屋にいって「シマ、飲む?」と言えば、これは「泡盛を飲むか?」という意味になる（島酒が省略されてシマになったのだろう）。

日常的に島を感じやすいのは、虫を見ていてもそうだ。

1章で紹介したように、僕が大学で担当している学生たちは、虫が苦手な者が少なくない。その苦手意識を少しでも軽くしようと、毎年、虫捕りの授業をしている。その中の一コマは、大学構内での虫捕りだ。いくつかのチームを編成して、チームごとに何種類の虫を見つけられるか競争をするのだが、那覇の街中のしかも緑も少ない構内でも、多少なりとも虫たちが見つかる（表5）。

たとえば表5の中の虫で、ダンダラテントウ、ヒメカメノコテントウ（口絵7）は、沖縄でも本土でも見られる虫だ。モンシロチョウも、本土でも沖縄でも珍しくない虫と言える。ただし、沖縄でモンシロチョウが普通に見られるようになったのは、戦後

表5　沖縄大学の構内で学生たちが見つけた昆虫リスト（4月下旬実施）

・バッタ目	アカハネオンブバッタ
・ゴキブリ目	オガサワラゴキブリ、サツマゴキブリ
・カメムシ目	ナナホシキンカメムシ、ホソヘリカメムシ、アカヘリカメムシ、シラホシカメムシ、ナガカメムシの1種、カスミカメムシの1種、マルツノゼミ、アワフキムシの1種、コクタントガリキジラミ
・アミメカゲロウ目	クサカゲロウの1種
・甲虫目	ウルマクロハムシダマシ、ダンダラテントウ、ゾウムシの1種、カミキリムシの1種
・ハエ目	ハエの1種、ガガンボの1種が2種類
・ハチ目	セイヨウミツバチ、オキナワクマバチ、ゴキブリヤセバチ、アシナガキアリ、アリの1種
・チョウ目	ヤマトシジミ、モンシロチョウ、スキバドクガ、コシロモンドクガ、ガの1種
	計30種

日本のクマバチ類

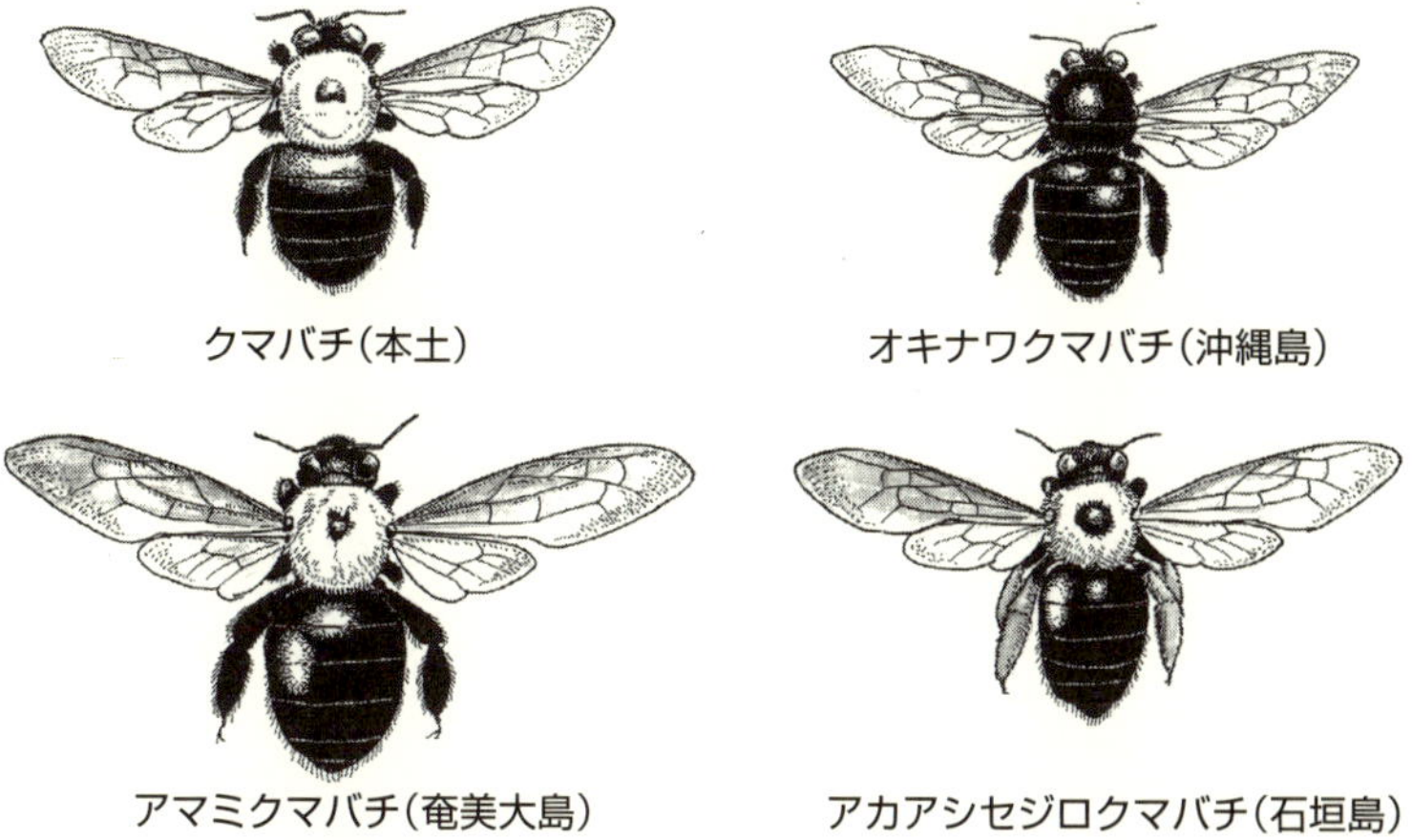

になってからのことだ。また、セイヨウミツバチやミカンカメノコハムシ、アシナガキアリなども、もともと沖縄にいた虫ではなく、人間によって移入されてしまった虫たち。つまり外来種である。

大学構内で見つかった虫のリストには、オキナワクマバチの名もある。本土には黄色い胸に黒い腹や脚をしたクマバチが分布している。クマバチは、琉球列島北端部の屋久島《やくしま》にまでは分布しているけれど、隣の口永良部島《くちのえらぶじま》に渡ると、もうクマバチの姿を見ることはない。代ってアマミクマバチという胸が白い毛に覆われているクマバチの一種を見ることができる。

さらに南下して沖縄島を中心とした島々に渡ると、今度は全身真っ黒のオキナワクマバチが分布し、この虫は那覇などの街中でも姿を見る。もっと南下して八重山の島々に行けば、胸が白い毛に覆われ、脚が赤い、アカアシセジロクマバチを見ることになる。

つまりクマバチは種類ごとに特定の地域にしか見られない分布になっている。

屋久島から与那国島にかけての琉球列島は南北に細長く、点々とつらなる島々だ。琉球列島の南端は台湾、北端は九州に近いわけだが、地殻の変動による隆起や沈降、地球の寒冷化や温暖化に伴う海水面の変動によって、島々はあるときはほかの陸塊とつながり、またあるときは海中に孤立するという複雑な歴史を経た。また隆起サンゴ礁からなる平たい島と、山のある島では生物相に大きな違いが生まれた。こうして、琉球列島の島々は、一つひとつの島の面積は小さいのだが、それぞれの島の生物相は個性的な様相を帯びることになった。そのため、街中にあるちっぽけな大学の構内で虫捕りをしても、沖縄島周辺でしか見ることのできない虫が普通に混じることもある。そうした虫を見るたびに、僕は自分が島に暮らしていることを感じてしまう。

僕の担当している学生たちは、ほとんどが県内出身である。彼ら・彼女らは、自然にとりたてて興味があるわけではないことに加え、生まれ育ったときからそこにあるものとして、沖縄の自然に対して特別な注意を向けない。そうした場面を目にするにつれ、沖縄の自然の特異性や貴重性を沖縄の学生や沖縄の子どもたちに伝える際、どのようにしたら興味を持ってもらえるだろうかと思うようになった。

学校の授業というものは、生徒や学生の常識から始まりながら、生徒や学生を常識の外側に連れ出す必要がある。沖縄の自然の特徴を明らかにするためには、沖縄の自然を相対化してくれるような島の自然を取り上げる必要があるだろう。ただ、沖縄と対比する島にしても、何らかの形で学生や生徒たちの常識にひっかかりがありそうな島を選ぶ必要がある。そこで選んだ島がハワイだった。

ハワイへ

何しろハワイは有名だ。ハワイの名を知らない学生はまずいないだろう。加えてハワイには日系人が数多く暮らしていて、その中には沖縄出身者も数多く含まれている。そのため、沖縄の人々にとって、ハワイは親近感を持つ地域なのだ。また、〝南の島〟として観光を売りにしている点も、沖縄とハワイ両地域の共通点。ありがたくないことに、広い米軍基地があるのも同じだ（土地に占める基地の面積比は、沖縄県は約一〇パーセントで、ハワイ州は五パーセントあまり）。

もちろん、ハワイと沖縄は違うところもある。ざっと見ても、ハワイの島々の面積のほうが、沖縄よりも格段に広い。ハワイも沖縄もいくつもの島々からなっている。沖縄県の島々を合わせた総面積は約二二五〇平方キロ。一方のハワイの島々の総面積は約一万六六〇〇平方キロ（沖縄の約七・四倍）だ。標高も沖縄の最高標高は六〇〇メートルにとどかないが、ハワイの山は四〇〇〇メートルを超える。たぶん、こうした基礎的な知識は、多くの人も共有できているところかもしれない。では、沖縄とハワイでは、生き物はどんなふうに違うだろう。授業の中で学生たちとやり取りをしてみると、どうも一般の学生にとっては、ハワイにはどんな生き物がいるかなど考えたこともないし、思いつきもしないことのようだ。

たとえばハワイにはどんな虫がいるのだろう？　その中に、テントウムシはいるのだろうか？　いるとしたらどんなテントウムシ？　フラダンスや火山やワイキキビーチといったものはハワイに行ったことがない人であっても、誰でもすぐに思い浮かべられるものだろうけれど、考えてみると僕自身、

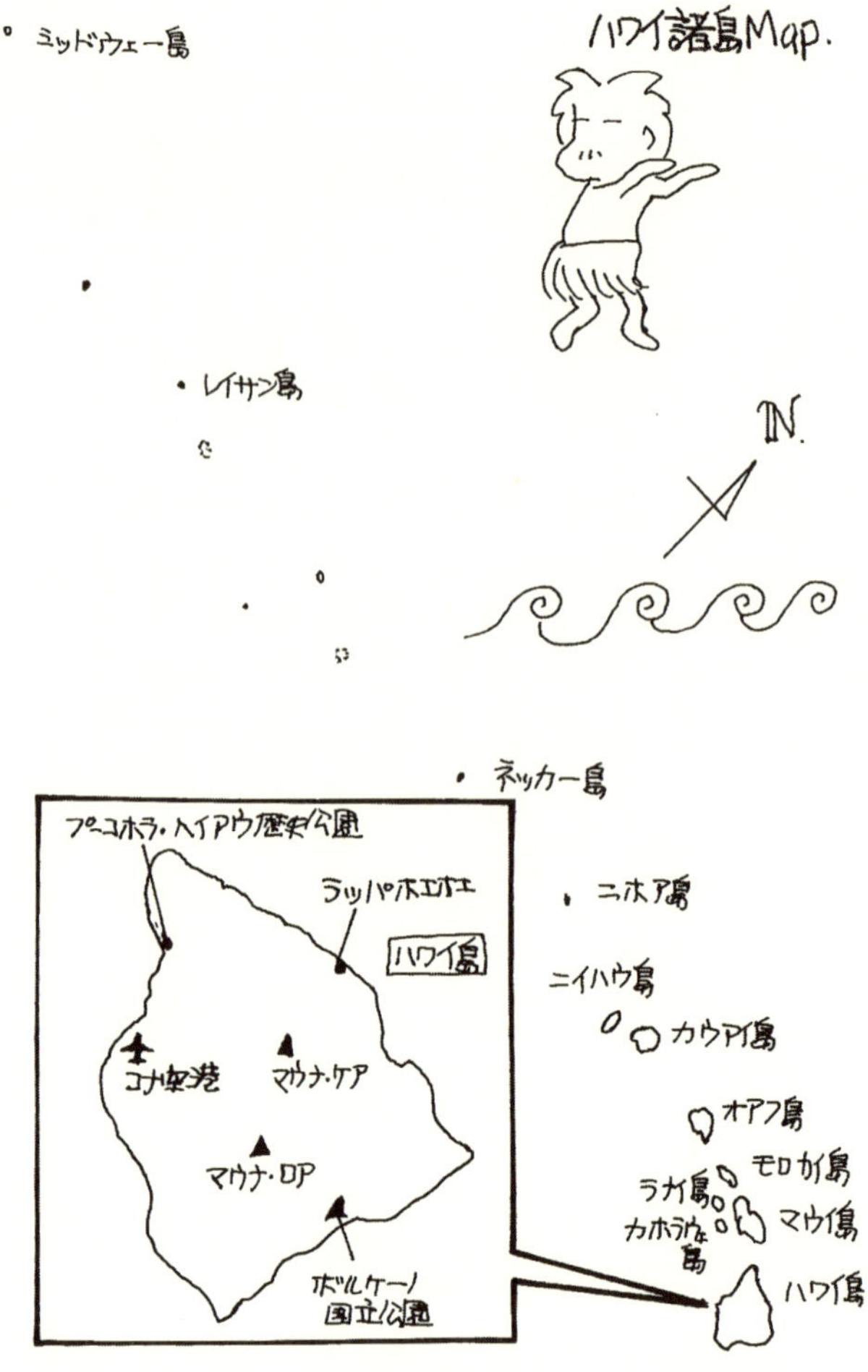

ハワイ諸島Map.
ミッドウェー島
レイサン島
N.
ネッカー島
ニホア島
ニイハウ島
カウアイ島
オアフ島
モロカイ島
ラナイ島
カホラウェ島
マウイ島
ハワイ島
プーコホラ・ヘイアウ歴史公園
ラッパホエホエ
ハワイ島
コナ空港
マウナ・ケア
マウナ・ロア
ボルケーノ国立公園

ハワイにテントウムシがいるかどうかわからない。そこで、とにかく一度、行ってみることにした。沖縄・那覇空港から、大阪・関西空港まで、飛行機に乗って二時間足らず。関西空港で国際線に乗り換えて、約七時間でハワイのホノルル空港着。せっかくだからと、家族も同伴の旅だ。そしてカミさんの友人がハワイ島にいるので、ホノルルから、さらに足を延ばすことにして、国内線にまた乗り換えて、四五分間のフライトでハワイ島のコナ空港へ向かった。

ハワイと呼ばれる島々は、主な島の名をあげただけでも、北からニイハウ、カウアイ、オアフ（ホノルルのある島）、モロカイ、ラナイ、マウイ、ハワイとなる。このうち、ハワイ島がもっとも大きな島だ。ハワイ島の面積は一万四三三三平方キロ。ハワイ島ひとつだけで、沖縄県の総面積の四・六倍もある。

また、ハワイの島々のでき方は独特で、北にある島ほど歴史が古く、南にある島ほど出来立ての島になっている。つまり、もっとも南のハワイ島が、ハワイの島々の中でもっとも新しい島で、今も溶岩が噴き出る火山がある（まだ島づくりの途中なのだ）。年代で言えば、北に位置するカウアイ島は島ができてから約五〇〇万年たっているのに対し、南端のハワイ島は島ができてからまだ約七〇万年しかたっていない。

こうした歴史と関連して、ハワイ島にはハワイでも一番高い山がある。北にある島ほど、噴火から時間がたっていて、次第に山はくずれて低くなっているというわけだ。ハワイ島には標高四二〇五メートルのマウナ・ケアと、標高四一六九メートルのマウナ・ロアがある。これに対してより北に位置しているオアフ島の最高標高はカアラ山の一二二〇メートルだ。

こんな知識は何となく、僕の頭の中にあった。でも、聞くと見るとは大違いだ。いや、聞いただけでは、ちゃんと理解していないことが多いのだ。今回のハワイの旅では、改めて思い知らされることになる。

青いテントウムシ

ぎりぎりまで大学の仕事にたずさわっていて、そのまま飛行機に飛び乗るような状況だったので、飛行機の中で、ようやくハワイ島の地図を広げて、愕然とする。ハワイ島は大きな島なのだが、川がほとんどないように見えるのだ。「そうか、ハワイ島はいちばん新しい島だっけ。となるとまだ溶岩だらけで、森も貧弱で、生き物もあまりいないのかな?」今更ながら、そんなことを思ってしまった。

コナ空港から一歩出て驚いてしまったのは、空港の外が、一面の岩だらけの世界だったこと。それは飛行機の中で心配していた以上の風景だった。溶岩原が広がる中、せいぜい、イネ科の枯れたものが生えている様子。英語が堪能なカミさんがレンタカーを借り、そのままホテルまで運転もしてくれた。ホテルのある、ワイコロアまで北上するあいだも、一面の溶岩原が続いた。壮観と言えば壮観な風景だ。

ハワイではもちろん、虫を見たいと思うのだけれど、虫以外でも、シダでもキノコでもカタツムリでも面白がれる自信があった。ところが、相手は溶岩原だ。虫もシダもキノコも何も見つかる気配がない。先行きに不安が出てきた。ともあれ、この日はホテルにたどり着いて終了となった。

翌日。どうしたらいいだろう。地図とニラメッコをして、少しでも生き物がいそうな場所を探ってみた。空港やホテルがあるのは、ハワイ島の西海岸だ。まずは西海岸を少し北上してみることにした。たどりついたのが、プーコホラ・ヘイアウ歴史公園だ。昔、ハワイに住んでいた人々の遺跡に作られた公園である。目を引くのは、溶岩を積み上げた、巨大な祭壇だった。つまり、この一帯もまた、溶岩原だ。よく、こんなところに暮らしていたなと思ってしまう。

それでも歩き回ると、沖縄でも見ることのできる海岸植物のクサトベラが生えていて、その花にセイヨウミツバチが来ていた。葉の上にはアオカメムシの仲間もいた。石をめくるとアリもいた。とりあえず虫を発見できて、何やらホッとする。さらに車を進めて、北端にある渓谷へ。道が悪くて車は海岸まで下りることはできないので、車を降りて急斜面の坂道を歩いて海岸まで下りてゆく。下り切ると、溶岩が砕けてできた灰色の砂浜が広がっている。海岸林はモクマオウだ。海岸まで往復してみたものの、やっぱり虫はほとんど見かけることがなかった。代わって、コガネグモの仲間と沖縄でもよく見るチブサトゲグモを見かけた。ホテルのあるワイコロアへ戻る途中、沢沿いのよさそうな林を見つけ、降りてみた。ここではひたすらカに刺されただけ。そして、ここに至って、「ああ、やっぱりそうだったのか」と思うことになった。

この日、僕が見た虫たちは、みなハワイにもともといた虫ではなくて、人間とともにハワイにやってきた虫たちなのだ（クモも、チブサトゲグモも外来種だ）。ハワイには、そうした虫が多いというのは知っていたが、それを目の当たりにすることになった。そのことを最も実感したのが、カに刺されたときだ。実はハワイには、もともとカは一種も棲みついてはいなかった。しかし、欧米人がハワイを「発見」して以降、うっかりボウフラを持ち込んでしまい、カが棲みつくようになったという歴史があることを本で読む。ハワイへの外来種導入の歴史を、いわば体で思い知ったことになる。

三日目。今度こそ、ハワイならではの虫に会えるだろうか？

その日は、東海岸まで車を走らせ、デイビットを訪ねることにした。デイビットはハワイに住んでいるカミさんの友人だ。デイビットの家があるラッパホエホエは、ホテルから見るとちょうど島の反対側に位置している。そこで、この日は島を時計回りに半周することになった。

ハワイ島の西海岸を北上し、島を一周する道路の北端が近づくころから、島の様子が変わってくることに気づく。何より、天候が怪しい。いまにも雨が降りそうな気配がする。それにあわせて、周囲の緑も濃くなってきたのがわかる。道路脇ではないものの、少し離れたところに、森が広がっているのも目に入るようになった。

僕が、ハワイ島が溶岩だらけと思ったのは、ちょっとした勘違いもまじっていたのだ。

ハワイ島は、東海岸と西海岸で、その様子が随分と違うことに、ようやく気がついたというわけ。どうやら、ハワイ島では、基本的に東海岸から西海岸に向けて風が吹く。ところが、島の中央には四〇〇〇メートルに達する高い山がそびえている。東から吹く湿った風はこの山に沿って上昇し、雲を作り、雨を降らせる。そして雨が降り終わった後の乾燥した空気が西海岸に流れ込む。

後で本を読んでなるほどと思ったのは、有名な観光地ホノルルは風下側に位置していると書かれていたことだ。風下側に位置しているため雨が少なく、つまり、晴れの日が多いから観光地に向いて

いるというわけなのだ。結局、空港やホテルのある西海岸が溶岩原のままだったのは、溶岩が流れ出したばかりだったということではなく、森になるには雨が少ないというのが原因だったよう。

ともかく、これまでと違って虫がいそうな森が見えてきて嬉しくなる。道路脇に森が見えてきたので、道端に車を停めて森の中に入り込むことにした。ところが、森の中で違和感に襲われた。「なんか変だぞ」と。しばらくして、「変」のわけに気がついた。森は森でも、見渡す限りの木々は、全部、人によって植えられたものだったのだ。つまりは人工林だ。しかも植えられていたのはオーストラリア原産のユーカリの木だ。さらにその人工林に生えている低木が、ほとんど同じ植物ばかりで占められていたので驚いてしまった。その低木はストロベリーグァバ。これまた、外国からやってきた植物なわけ。

日本にもスギの人工林があるけれど、スギは日本在来の木だし、林内には、僕が住んでいた埼玉ならアオキやシラカシ、ヤブランなどの、これも在来の草木が生い茂っている。雑木林や原生林に比べれば虫は少ないわけだが、まったくいないかといえばそんなことはない。しかし、ハワイの人工林は虫がいる気配がない。さっさと木立の中から抜け出して車に乗り込み、先を急ぐことにした。

車は東海岸に入った。もっとよさそうな森が目に入った。今度こそと思う。しかし、入ってすぐに、そこも人工林であることがすぐにわかった。ちょっと、イヤな予感がし始めた。

僕たちを乗せた車は、デイビットの住んでいるラッパホエホエという小さな町にたどりついた。デイビットが迎えに来てくれるまで、道沿いのガソリンスタンドに車を停めて、一休み。ガソリンスタンドの向かいにはシュガートレインが展示されていた。ハワイはかつて、サトウキビ栽培が盛んだったのだ（この点も、沖縄に似ている）。

そのサトウキビ栽培の仕事のために、日本からたくさんの人たちがハワイへ移住もした。しかし、これはハワイに行くまで知らないことだったのだけれど、現在のハワイではサトウキビ栽培は完全にすたれてしまっているようだ。ラッパホエホエのガソリンスタンドの向かいに収穫したサトウキビを運んだシュガートレインは展示されていたが、周囲を見渡しても、サトウキビ畑なんてまったく目にしない（ハワイ島のどこでも目にしなかった）。後でデイビットに聞くと一九八〇年代にサトウキビ栽培は行われなくなってきたそうだ。沖縄ではサトウキビの栽培法や品種の転換がオオテントウを珍虫へと変化させたわけだが、どうやらハワイは時代による人々の暮らしの変化と自然に与える影響が、沖縄よりも大きいのではないか。サトウキビ栽培の代わりに現在広がっているのが、ユーカリの植林地と牧草地だ。

しばらくすると、デイビットが迎えに来てくれた。彼はアメリカ本土出身で、大工仕事を稼業としている。彼はハワイに住みつく前に、日本に住んでいたことがあって、そのとき、カミさんの実家によく出入りしていたのだ。そんな縁があって、今回、彼の家に遊びに行ったのだった。

デイビットの家は、一周道路から牧場の中の坂道を上がった先の丘の上にある、うらやましくなるくらい広い敷地に建っていた。デイビットはベジタリアンだ。そのため、広い敷地には果樹園や畑があって、そこで採れた野菜や果物が毎日の食事の材料となっている。「畑や果樹園だったら、虫が見つからないだろうか？」そんなふうに思う。もちろん、そんなところで見つかる虫は、人間によって持ち込まれたような虫が多いだろうけれども。

デイビットとカミさんが話をしているのをよそに、庭と畑をぶらつかせてもらうことにした。庭先の石をめくると、さっそくメクラヘビとアシヒダナメクジが出てきた。両方とも、人間がハワイに持ち込んだ生き物で、この二つとも、沖縄にも外来種として入り込んでいるものだ。続いて、庭のハイビスカスの葉を見上げていたら、青い虫がいるのが目に入った。最初は、葉を食べる甲虫のハムシの仲間かな？　と、思う。ところが、よく見るとハムシではない。驚いてしまった。

そんな虫がいることをまったく知らなかったので、本当にびっくり。

それは、青く光るテントウムシ（口絵8）だったのだ。

さらに、デイビットの家の庭や畑を見て回る。青いテントウムシはハイビスカスだけでなく、ミカンにもたくさんいた。ミカンの木では、このテントウムシの幼虫も見ることができた。しばし青いテントウムシ探しに夢中になる。

しばらくして、ようやく、ほかの虫にも目がいく余裕が生まれた。アボカドには、別の種類の黒地に白いホシのテントウムシが来ていた。結局、デイビットの家の周辺だけで、五種類ものテントウムシを見ることができたのだ。これは、思ってもいなかった収穫だった。

それ以外にもキリギリスの仲間も、三種類、見つかった。

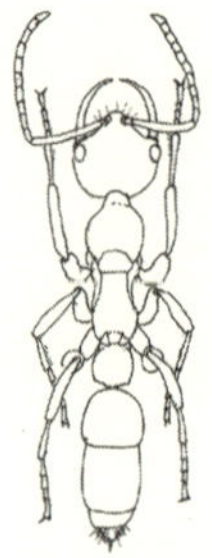

ハワイに帰化しているアリ(8mm)

また、カメムシでは、ツチカメムシの仲間が見つかった。アリは、沖縄でも見ることのできる、アシナガキアリのほか、見たことのないキバの大きなハリアリの仲間がいた。このアリは、なかなか、カッコイイ姿のアリだ。在来か、外来かは別として、とにかくいろいろな虫たちを見られたので、それなりに満足。結局、ハワイ旅行を振り返り、いちばんたくさんの虫を見ることができたのが、このデイビットの家の庭と畑だった。

このデイビットの家の庭や畑で見つけた虫たちの履歴が気になる。

海洋島の自然

ここで、ちょっとハワイの自然について一緒に考えてみよう。人間が住みつくようになる以前、もともと、ハワイにはどんな虫がいたのだろう?

授業の中で、学生たちに「ハワイには、アリやチョウ、セミやゴキブリの種類は、沖縄より多いと思う？　それとも少ないと思う？」という質問を出してみた。むろん、この問いに対する意見はいろいろと分かれる。ただし、なかなか正解とはいかない。というのも、ハワイにはもともと、アリやセミ、ゴキブリは一種類もいなかったのが正解だからだ。ハワイには、もともとチョウもたった二種類しかないなかったのだ。

なぜ、そんなに種類が少ないのだろうか？

それは、ハワイが太平洋のど真ん中に位置しているからだ。ハワイは日本から約六〇〇〇キロ、アメリカからは約四〇〇〇キロも離れた海上に突き出た火山島だ。アリやセミやゴキブリは、ハワイまでたどりつけなかった。ただし、いざ、人間が持ち込めば、棲みつくことができるのは実証済みだ。現在のハワイには、先のデイビッドの庭の例でも明らかなように、アリは普通に見ることができるし、ゴキブリも二〇種が帰化している（ただし、セミはまだ移入されていない）。

このように、海の真ん中にできた島で、過去をさかのぼってもほかの陸地と陸続きになったことがなく、生き物がたどり着くのが難しい島のことを、「海洋島」と呼ぶ。逆に、琉球列島の島々は、過去になんども中国大陸や日本本土と陸続きになっては切り離された歴史がある。たとえば琉球列島には翅のないカマドウマが何種類も棲んでいるが、これは、島が陸続きになったときに、歩いて渡ってきたわけだ。琉球列島にはセミやゴキブリもまた種類が多い。

琉球列島の島々のように、大陸とつながったことがあったり、位置的に大陸に近く、生物相が大陸とかかわりが深かったりする島のことを「大陸島」と呼ぶ。世界の島々は、こうして大きく二つの種

表６　世界の昆虫の目リスト

目　名	日本に分布	ハワイに分布
1　シミ目	○	＊
2　トンボ目	○	○
3　カワゲラ目	○	
4　ハサミムシ目	○	○
5　ガロアムシ目	○	
6　カカトアルキ目		
7　バッタ目	○	○
8　ナナフシ目	○	
9　シロアリモドキ目	○	＊
10　ジュズヒゲムシ目		＊
11　ゴキブリ目	○	＊
12　シロアリ目	○	＊
13　カマキリ目	○	＊
14　チャタテムシ目	○	○
15　シラミ目	○	○
16　アザミウマ目	○	○
17　カメムシ目	○	○
18　ヘビトンボ目	○	
19　ラクダムシ目	○	
20　アミメカゲロウ目	○	○
21　甲虫目	○	○
22　シリアゲムシ目	○	
23　ノミ目	○	○
24　ハエ目	○	○
25　チョウ目	○	○
26　トビケラ目	○	＊
27　ネジレバネ目	○	＊
28　ハチ目	○	○

分類は『節足動物の多様性と系統』による

＊：在来種は見られないが、外来種が知られるようになったもの

類の島に分けられることになる。珍しい生き物が多いので有名なガラパゴス諸島は、海洋島だ。ほかにはモアイで有名なイースター島、観光地で有名なグアム島も海洋島である。一方、沖縄島や日本本土（北海道、本州など）、イギリスのグレートブリテン島などは大陸島になる。

海洋島の中でも、とびきりほかの陸地から隔離されているハワイの島々には、ほとんどの虫たちがたどりつけなかった。世界の昆虫の目《もく》のリストを表6にまとめた。この中で、それぞれの地域で見られない昆虫の目は空欄になっている。日本もすべての虫の目が見られるわけではないけれど、ハワイでは目レベルで多くの虫が不在だ（ハワイにおいて、＊がついている項目は、自然分布は見られないものの、その後、人間によって移入された虫がいるグループであることを示している）。

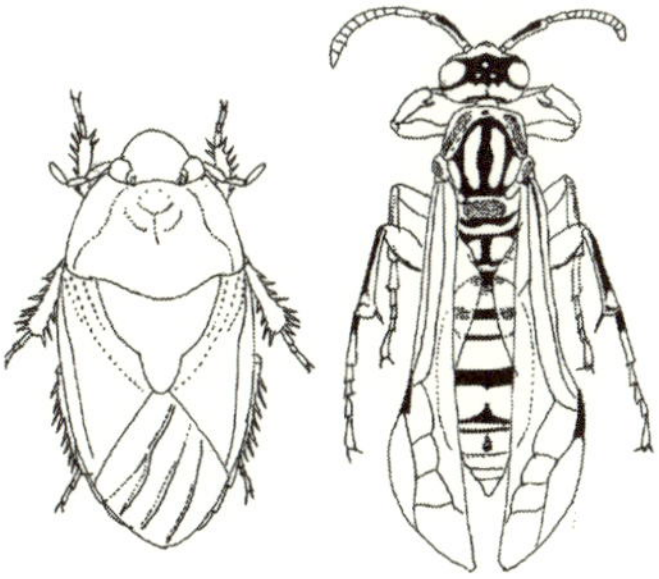

ハワイの外来昆虫。
左：ツチカメムシの１種（4mm）、
アシナガバチの１種（18mm）

悪夢の島

海洋島であるハワイには、アリやセミやゴキブリはたどりつけなかった。つまり、ハワイでは、ひと目見て、外来種かどうかがわかるグループがある。つまりもともとハワイに一種も存在していなかったアリやゴキブリの仲間を見たら、即、外来種とわかる。また、チョウに関しても、カメハメハチョウというタテハチョウの仲間と、ハワイアン・ブルーというシジミチョウ以外のチョウを見たら、これまた基本的に外来種と判断できる（僕はモンシロチョウとアゲハチョウの仲間と、セセリチョウの仲間を見た。これらは全部、外来種である）。

ハワイにはもともとチョウは二種類しかいなかったけれど、ガの仲間の在来種は少なくない。ハワイ在来の何種類ものガが、すべて海を渡ってきたのではない。現在見られるハワイ特有のガの先祖が海を渡ってハワイにたどりついたのち、ハワイで多様な種類に分かれたため、たくさんのガの種類が見られるようになった。

同様な例として有名なのはショウジョウバエの仲間の *Drosophila* 属の仲間で、この虫は、ハワイから約五〇〇種が知られる大グループになっている。ハワイに渡ってくることのできる虫が限られていたため、ハワイの昆虫相は、ほかの大陸や島と比べてアンバランスなものとなった。このアンバランスさが、特定のグループの虫が多数に種分化した要因のひとつと考えられている。そうした種分化の結果、ほかの地域では見ることのできない特異な生態を持つようになった虫も知られている。

たとえば、ハワイ産のカバナミシャクと呼ばれるガの仲間の幼虫（シャクトリムシの仲間）は、小枝や葉にとまって、じっとしていて、体にとまったハエをすばやく捕まえて食べる。つまり、肉食のシャクトリムシだ。また、二〇〇五年には、カタツムリの仲間を食べるカザリバガの仲間の幼虫も見つかり、昆虫の研究者を驚かせた。

ハワイの溶岩洞窟には、翅がなく、脚が長い、カマドウマのようなハワイドウクツコオロギという固有種もいる。ラウパラ・クリケットと呼ばれる小型のコオロギの仲間は、ハワイで一三五種にも種分化をしている（コオロギの仲間は、おそらく流木に乗ってハワイまでたどりついたのだろう）。

ただし、ひと目では外来種なのか、在来種なのかわからない虫のグループもいる。では、僕が見たツチカメムシやキリギリスやテントウムシたちは、自力の渡海者なのだろうか、それとも不法侵入者なのだろうか。その答えは日本に帰ってからの宿題となった。

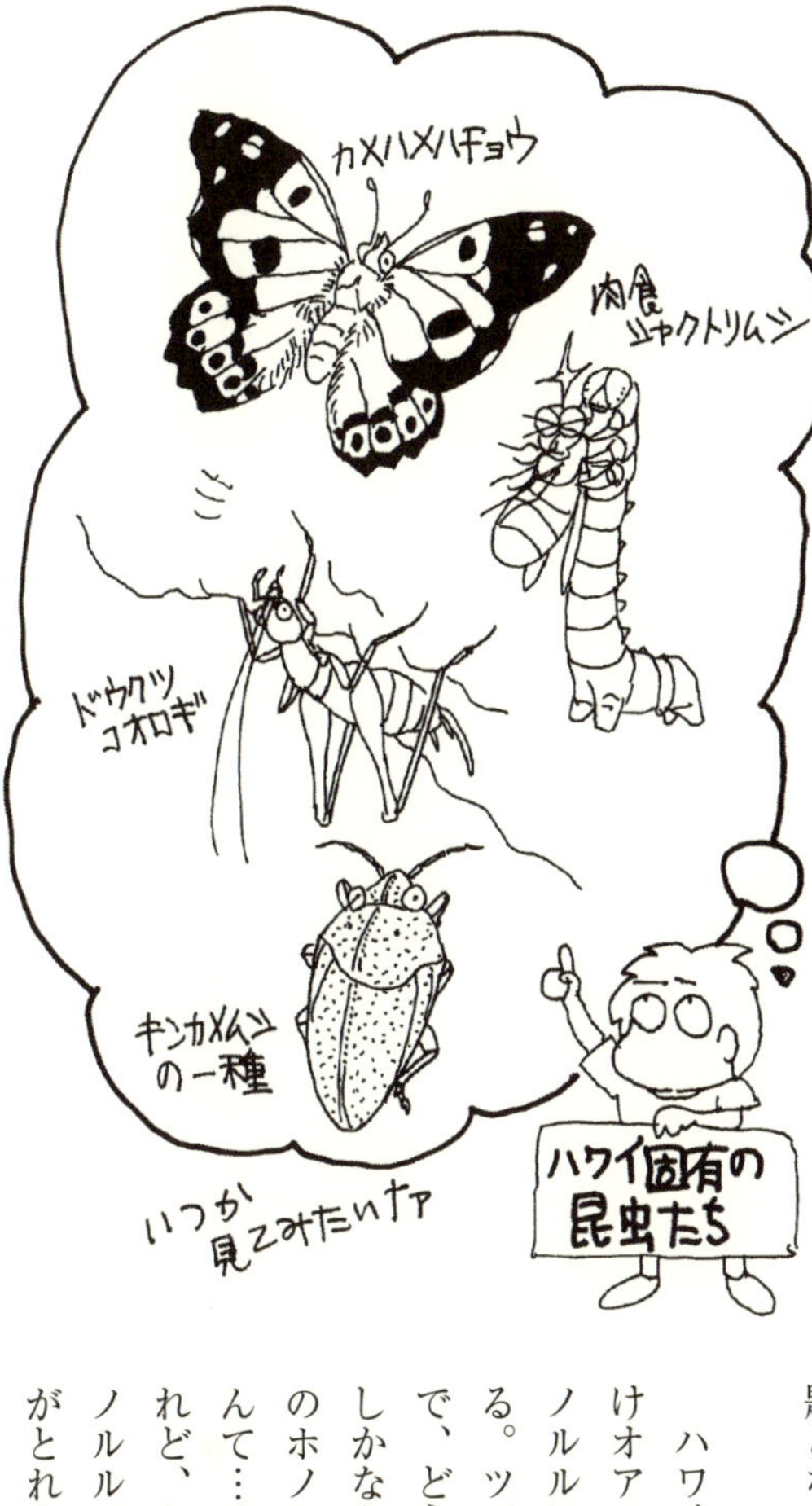

ハワイ島から、帰りがけオアフ島に渡って、ホノルルに泊まることになる。ツアーの日程の関係で、どうしてもそうするしかなかった。大観光地のホノルルに滞在するなんて……と思ったのだけれど、やむをえない。ホノルルでは、半日、時間がとれたので、ホノルル

近郊にあるマノアと呼ばれる森に覆われた渓谷に生き物を見に行ってみた。

バス停から渓谷内の遊歩道を歩いてくと、その先には一見、ジャングルが広がっていた。「花が咲いている！」と、世界各地からハワイにやってきた観光客も喜んでいる。ところが僕は森を歩いて一〇分ほどで、気分が悪くなってしまい、早々に引き返すことになった。マノアの森は、ユーカリの人工林ではなかった。しかし、目に入る草も低木もうっそうと茂る木々も、ひとつとしてハワイの在来種ではないと思えたものばかり。ほかの観光客が花をつけた木を見つけて喜んでいたものの、その赤い花をつけた木は、カエンボク（アフリカ原産）だった。沖縄にもカエンボクはあるものの、公園や校庭に植栽されていて森の中に入り込むようなことはない。

ハワイには外来種が多いだろうと訪問前からわかってはいたけれど、生態系まるごと外来種に置き換わっているとは……。草や木だけでなく、見かけるトカゲや、木々のあいだを飛び回る鳥たちも、どうやらみんな外来種のよう。いわば、植物園の熱帯温室がそのまま野外で森として存在している有様だ。そうした光景に、僕は気持ち悪さを覚えた。

ホノルル滞在中の森歩きは、僕にとっては、ショッキングな内容だった。

表７　ハワイの昆虫の目ごとの在来種と外来種の種数

目名	在来種数	外来種数
トンボ目	34	6
バッタ目	約 220	27
カマキリ目	0	6
ゴキブリ目	0	20
カメムシ目	約 650	397
甲虫目	1362	640
チョウ目	867	194
ハエ目	1131	431
ハチ目	652	624

ホノルルでは、もう一か所、訪れた場所がある。それがビショップ博物館というハワイや太平洋諸島の自然や文化について広範囲に資料収集し展示している博物館だ。残念ながら展示をゆっくり見る時間があまりとれなかったので、閉館間際に慌ててミュージアムショップに駆け込み、ハワイの自然関係の本を何冊か買い込み日本に戻ることになった。

日本に戻ってから、ハワイで見聞きしたことを整理してみた。ビショップ博物館で買い求めた本の中に『Hawaiian insects and their kin』（ハワイの昆虫とその親類）という本があった。この本の中に、ハワイの虫のうち、在来種と外来種がそれぞれ何種類であるかというデータが表になって載っている。

表7は、この本の中から、いくつかの目で、在来種と外来種の種数を抜き出してみたものだ。表7を見ると、カメムシ目や甲虫目では、在来種の半分ほど、さらにハチ目ではほぼ在来種と同数程度の外来種があることがわかる。

もう少し細かく見てみる。やはり同書の中から、甲虫目の科ごとの在来種数についての表の一部を紹介してみよう（表8）。

表8を見ると、同じ甲虫目の中でも、種類数が多いグループと少ないグループに大きな差があることがわかる。ハワイの昆虫相はアンバランスである……と書いたが、これは甲虫目のグループ内においてもあては

表８　ハワイの甲虫目の主な科ごとの在来種数

科名	在来種数
オサムシ科	219
ゲンゴロウ科	1
ハネカクシ科	100
コメツキムシ科	45
テントウムシ科	0
ゴミムシダマシ科	2
クワガタムシ科	1
カミキリムシ科	141
ハムシ科	0
ゾウムシ科	167
ケブカゾウムシ科	174

まることなのだ。そして僕がこの表を見て、「うーん」と思ってしまったのは、ハワイにはテントウムシは一種もいなかったということが、はっきりわかったからだ。

実は、僕がハワイでいちばんたくさんの種類を見た甲虫がテントウムシの仲間だった。しかし、あの、青く光るテントウムシを含めて、そのすべてが外来種であったわけだ。

『Hawaiian insects and their kin』のカメムシの解説を読んで、また、「うーん」と思ってしまう。カメムシの仲間の科ごとの在来種数を紹介している表を見ると、ハワイにはもともとツチカメムシ科のカメムシがいないことがわかった。

キリギリスの仲間はどうだろう。キリギリスの仲間はコオロギやカマドウマと同じくバッタ目の昆虫だ。そして、先に見たように、ハワイには、ハワイドウクツコオロギをはじめとし、コオロギの仲間に固有種がたくさんいる。

僕の見つけたキリギリスの仲間は、この仲間に詳しいスギモト君に見てもらうことにした。「ササキリの仲間とツユムシの仲間とクダマキモドキの仲間」というのが、その答え。しかし、結局、ぼくの見つけた三種はいずれも外来種のよう。どうやら、ハワイで僕が見かけた虫たちの素性は、ハワイ島のユーカリ林で感じた違和感や、オアフ島のマノアの森で感じた気持ち悪さと同質のところに端を発しているようだ。

スギモト君に会ってハワイのキリギリス類を見てもらった折、僕の感じたハワイの自然について、スギモト君に話をしてみた。

「ハワイはね、森だと思って入ってみると、木も、下草も全部、ハワイの植物じゃなくて、外来種なんだ。それで、その森に棲んでいる虫や鳥も、調べていくと、全部、外来種。実は森を歩いている時、途中で、なんだかおかしいぞという予感がして、気持ち悪くなっちゃったんだけどね」

そうした僕の話を受けて、スギモト君が「なんだか、悪夢の島だね」という一言を発した。

スギモト君の一言にハッとする。

ハワイで青いテントウムシを見つけたときは、「こんなテントウムシもいるんだ」と喜んでしまった。しかし、それは単純に喜べる発見ではなかった。

より正確に言えば、ハワイ島をぐるぐると回っているうちに、決してハワイ島全部が、外来種で置き換わってしまっているわけではないことにも気がついた。島の南部にあるボルケーノ国立公園周辺では、ハワイ固有の植物からなる森を見ることができたのだ。どうやら、島の低地はすっかり外来種に置き換わってしまっているものの、島の標高の高いところでは、フトモモ科のオヒアや、マメ科のコアを代表とする、島固有の植物が頑張っているらしいことがわかる。ただし、そうした固有の植物であるはずのオヒアの葉の上にも、外来種の青いテントウムシの姿を見かけたのだけれど。

僕やスギモト君のような生き物屋は、その土地、土地ならではの生き物に出会えると、とても嬉しくなる。願わくば、世界中の生き物を見て歩きたいというのが、いつも思っていることだ。ところが、世界の果てまで旅したときに、そこで、いつもと同じ生き物しか見ることができなかったら……。ハワイまで出かけて、ハワイならではの虫をまったく見ることができない現状。それは、僕ら、生き物屋にとっては、悪夢以外の何物でもない。

僕は、そのことの持つ意味の重大さを、スギモト君の一言ではっきりと意識させられたのだった。

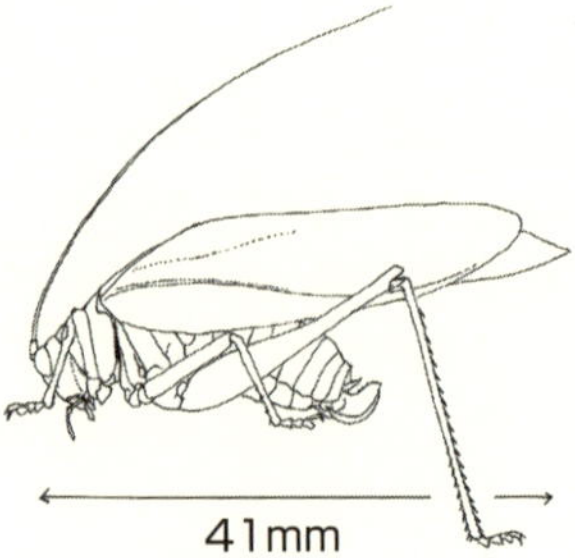

ハワイに帰化している
クダマキモドキの１種

6章　数奇な島の虫の歴史

夢の島へ

月に一度の上京の日。ハワイから帰ったあと、僕の頭の中には、スギモト君が言った、「悪夢の島」というフレーズが残り続けていた。東京で用事を済ませて、まだ帰りの飛行機まで時間があることに気がついた。ふと、夢の島へ行ってみようと思ったのは、そのときのことだった。きっかけは単純に、「悪夢の島」からの連想にすぎない。

日本本土はハワイとは違って、大陸島だ。大陸島の生き物は、海洋島の生き物に比べると、バランスはとれていそうだ。つまりは外来種などへの抵抗性がある程度あるように思う。でも、たとえば夢の島のような人工島で、しかも周囲をビル街に取り囲まれている場所はどうなのだろう。僕はそんな疑問を持ったのだ。

東京駅地下にあるプラットフォームから一五分ほどで、京葉線・新木場駅に着く。駅から出て車の往来の激しい大きな道沿いの歩道を歩いて一〇分足らずで、グラウンドや熱帯植物園のある公園に着く。ここが夢の島公園だ。

「夢の島」と聞いて抱くイメージは人それぞれだろう。

ちなみに大学で、二十歳前後の学生たちに「夢の島と聞いたら何を思い浮かべるか?」というアンケートを取ってみた。学生たちの回答は、「海がきれい」「楽園」「自然」「無人島」「孤島」「サンゴ礁」「南国」「リゾート」「白い砂浜」といったものだった。一方、一九六二年に生まれた僕は、夢の島と聞けば、どうしてもゴミの山というフレーズが真っ先に浮かんできてしまう(一〇五名の大学生へのアンケートでは、「ゴミ」という回答を寄せたのはわずか三名だけだった)。

夢の島という名称をそのまま解釈すれば、学生たちの思い浮かべたイメージのほうがまっとうだ。実際、夢の島の名称は、こうした「まっとうなイメージ」に由来する。

夢の島の歴史をさかのぼると、東京湾を浚渫した土砂を利用した埋め立て地の利用計画としての戦前の飛行場計画にたどり着く。しかしこの飛行場計画は実現せず、埋め立て地はそのまま放置された。一九四七(昭和二二)年。この埋め立て地に海水浴場がオープンし、「ハワイのような夢のあるリゾート」が目指された。このとき付けられた名称が夢の島海水浴場であった(日本経済新聞 二〇一三年一一月一五日付「東京ふしぎ探検隊」による)。しかし、この海水浴場は数年で閉鎖されてしまう。その後、一九五七(昭和三二)年一二月から、東京のゴミの埋め立て処分場として夢の島が利用されることになる。

僕の生まれる前年、一九六一(昭和三六)年には、東京で出たゴミ、一五八万トンのうち八五パー

セントが焼却ではなく埋め立て処分にされたと『東京都清掃事業百年史』には出ている。夢の島には一九六八（昭和四三）年三月までの一〇年六か月間、ゴミの処分場としての埋め立てが行われた。

夢の島の名前が広く全国に知られるようになったのは、一九六五（昭和四〇）年夏の、ハエの大発生事件であったと同書にはある。このときは薬剤散布と焦土作戦（ゴミの山に重油を振りまき、火をつけた）が実施された。当時の様子について同書から引いてみよう。

「消火を専門にする消防職員が目を輝かして放火して歩き、瞬く間に数百メートルの火点が一斉に黒煙をあげて燃え出した。真昼の悪夢をみているようで迫力があった」

こうした資料を読んで初めて気づいたのだが、夢の島の焦土作戦が行われたのは僕が三歳のときの話であるし、夢の島へのゴミの埋め立ては僕が六歳になる前に終了している。つまり僕自身は夢の島がゴミの島であったときをリアルに知らないはずなのだ。それでも、僕の中には、「夢の島はゴミの島」というイメージが作り上げられている。これは何も僕だけの話ではないと思う。「夢の島＝ゴミの処分場」というイメージは、昭和世代にとっては常識のようなものだろう。夢の島に替わってゴミの埋め立て地となったところに、新夢の島、三代目夢の島などという呼称が与えられていることもそうしたイメージ作りの要因となっているのかもしれない。

元祖、夢の島は僕が思っていたほど長いあいだゴミが埋め立てられていたわけではないし、処分場として利用されなくなってからすでに五〇年近くが経とうとしている。それでは実際の夢の島は、どうなっているのだろう。

夢の島のテントウムシ

夢の島公園の入り口近くには、フェニックスヤシや、ユーカリといった外来の木々が植えられている。公園内には色とりどりの園芸植物を植え込んだ花壇も見られる。公園内の道を歩いていくと、マテバシイなど在来の木々が植えられた林のような一角もある。緑の多い広々とした公園だ。

僕が夢の島に行くのは週末が多いので、公園内には人々の姿も多い。グラウンドでは運動会が開かれていたり、子どもたちがサッカーなどに興じる姿を見る。公園の一角には、ビキニ環礁による水爆実験で被災した第五福竜丸の記念館も建てられている。その公園を歩いて虫を探してみる。

ブーン。

羽音をたてて、オオスズメバチが飛んでいく。

「おお」と思う。日本最大のスズメバチが人工の埋め立て地に作られた緑地にもいることに、驚く。植え込みのシャリンバイの花にはコアオハナムグリも来ている。虫捕り網をもった子どもも駆け回っている。彼の目当てはアオスジアゲハだ。ニッポンヒゲナガハナバチやクマバチの姿も見かける。僕が思っていたよりずっといろいろな虫たちがいる。そして、それらの虫たちの中に、僕が追いかけているテントウムシたちもいた。

夢の島を訪れたのは五月のこと。まず目に入ったのは、マーガレットの花の上にぽつり、ぽつりと居座っていたナミテントウの幼虫(口絵9)だった。トベラの花も白い花を咲かせていた。そのトベラの葉裏を覗き込むとカイガラムシの仲間がくっついているのがわかる。枝葉が黒くすすけているのは、カイガラムシの排出した甘露にスス病が発生しているためだ。そのカイガラムシの周辺にさらに目を凝らすと、全身がトゲ状のテントウムシの幼虫が見つかった。アカホシテントウの幼虫(口絵9)だ。グラウンドの周辺には、バラ科のシャリンバイもよく植栽されている。そのシャリンバイの葉の上にはたくさんのナミテントウの幼虫が歩き回っていた。

さらに公園内を歩き回っているうちに、ふと、キョウチクトウが植えられていることに気づいた。枝をよく見ると、鮮やかな黄色のアブラムシがびっしりとたかっている。キョウチクトウは毒植物なのだが、その毒に負けずにキョウチクトウの樹液を吸う、キョウチクトウアブラムシだ。キョウチクトウアブラムシが、こんなに目立つ色合いをしているのは、自身もキョウチクトウの毒成分をため込んでいるから、「おいしくないよ」という宣伝だろう。そのキョウチクトウの枝をじっくり見ていくと、はたしてダンダラテントウ(口絵4)がいた。

表９　夢の島で観察できた昆虫（2011 年）

【日付】　発見したテントウムシ	それ以外の昆虫
【5 月 24 日】 シャリンバイの葉にナミテントウの幼虫多数。アカマツにクリサキテントウの幼虫。	オオスズメバチ、 セイヨウミツバチ、クマバチ コアオハナムグリ
【6 月 20 日】 キョウチクトウでダンダラテントウの幼虫と成虫を多数。ナミテントウがちらほら来ているキョウチクトウの株もあった。シャリンバイ上には、ナミテントウのサナギ殻のみ。マツにもクリサキテントウの気配はなし。ナミテントウの姿もなし。ムーアシロテントウを見る。	ナナフシモドキ
【7 月 23 日】 キョウチクトウには、アブラムシもテントウムシもまったくいない。	
【9 月 6 日】 キョウチクトウにアブラムシちらほら、ダンダラテントウも１匹のみいた。ナミテントウは見かけず。ワルナスビにオオニジュウヤホシテントウ。	トノサマバッタ、 イチモンジセセリ
【10 月 10 日】 キョウチクトウ上には、テントウムシはまったくいない。	

テントウムシ屋のオオハシさんの話にあったように、本土のダンダラテントウは、ナミテントウを避けて、おいしくないアブラムシのところで見つかる。ただし、この日は、ダンダラテントウの成虫はこの一匹しか見つけられなかった。このほか、草の上で、ナナホシテントウ（口絵7）を見つけ、たまたま僕の服の上にとまったキイロテントウ（口絵7）にも気づくことができた。

夢の島はテントウムシの観察スポットだ。そう思った僕は、翌年になって、あらためて、月一度の上京に合わせて、夢の島での虫探しをしてみることにした。

ハワイの特殊性

雑木林に比べると、夢の島の植生は単純なので、昆虫相のアンバランスがやはりある（たとえば春、さまざまな木の葉を食べるハムシの仲間が雑木林では見られるが、夢の島ではそこまで多くのハムシの種類を見ることがない。また、秋、草むらを歩き回っても、それほど多くの種類のバッタやキリギリスの仲間を見かけることもない）。それでも夢の島にはテントウムシを含めて、在来種が普通にいることがはっきりする。

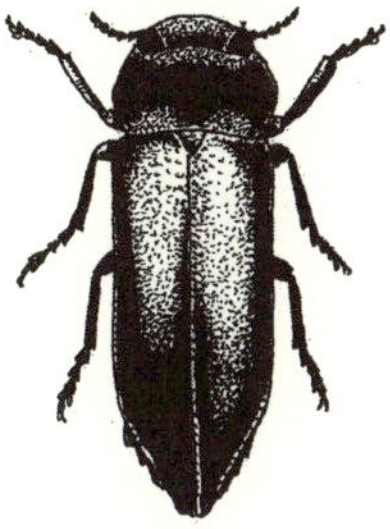

ヒメヒラタマムシ
（5mm）

テントウムシに関しては、数年間の観察で、結局、ナミテントウ（口絵2）、ダンダラテントウ（口絵4）、ナナホシテ

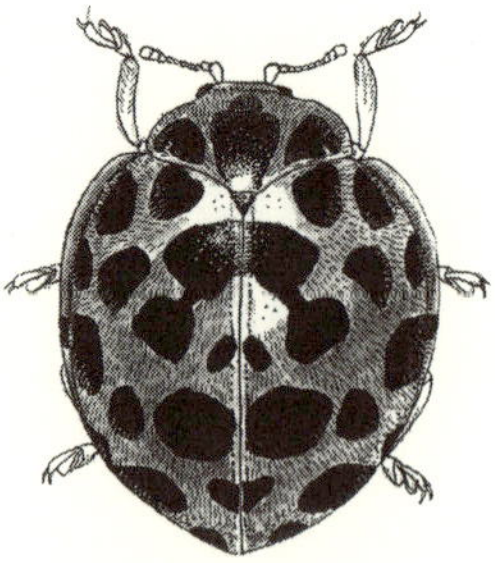

オオニジュウヤホシテントウ
（7mm）

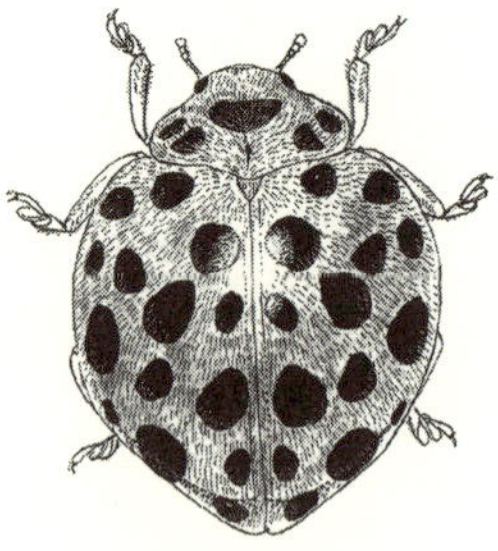

ニジュウヤホシテントウ
（5.5mm）

ントウ（口絵7）、クリサキテントウ（口絵3）、キイロテントウ（口絵7）、ムツキボシテントウ（口絵7）、ベダリアテントウ（口絵8）、ムーアシロホシテントウ（口絵7）、オオニジュウヤホシテントウ（上図）を確認することができた。このうち、ベダリアテントウだけが外来種だ。

夢の島の観察から、ハワイの特殊性がよくわかった。日本本土では、都市部に埋立地を作って、人工の植栽をしても、在来の虫たちが棲みつくようになることがわかる。一方、海洋島のハワイは、虫も含めて、生態系がまるごと外来種に置き換わってしまっている。海の真ん中にあるハワイにたどりつくことのできた生き物はごく少数だった。その限られた生き物たちで作り上げられたハワイの生態系はもろいのだ。ハワイは、一週間ほどの旅では、とんと在来の虫にお目にかかれない島だ。

ハワイは本当に特殊な島なのだ。

ベダリアテントウの来歴

ハワイのテントウムシたちは、みな外来種だった。僕がデイビットの家の庭で見つけたテントウムシは全部で五種類いた。そのうちのひとつが、青く光るテントウムシだ。残りの四種のうち、二種の名前はすぐにわかった。なぜかと言うと、その二種は日本との共通種だったからだ。日本のテントウムシがハワイに移入されたわけではない。日本と六〇〇〇キロも離れたハワイに、日本と同じ種類のテントウムシが棲んでいるのは、いずれの地においても、それらが外来種だからだ。

先に日本で見られる移入されたテントウムシのリストを紹介した（99頁の表4）。その中のひとつ、ミスジキイロテントウ（口絵8）が、デイビットの家の庭から見つかった。ミスジキイロテントウは、草地にいるテントウムシで、沖縄からも記録がある（沖縄ではシロツメクサの草地で見ている）。このテントウムシは東南アジア原産で、日本からは一九八五年に最初に見つかっている。

もう一種、名前がわかったのが、東京の夢の島にもいたベダリアテントウ（口絵8）だ。こちらはミカンにつくイセリアカイガラムシの天敵として、外国から日本にわざわざ導入されたた。この虫が導入されたのは一九〇九年。原産地はオーストラリア。このテントウムシの履歴は興味深い点があるので、少し詳しく紹介してみることにしよう。

もともと、ミカンの仲間はすべてアジアが原産だ。ミカンの仲間は文化の交流と共に世界各地で栽培されるようになり、土地、土地で新しい品種にも改良された。オレンジというと、アメリカ、カリフォルニア州やフロリダ州が有名だが、これらも元をたどるとアジア原産の栽培植物だということに

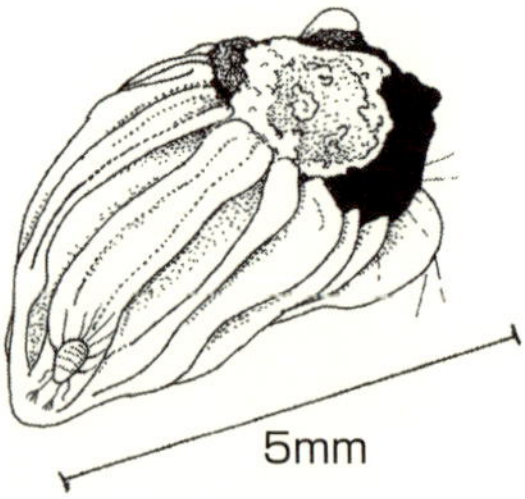

イセリアカイガラムシ

なる。このアメリカで栽培が広まったオレンジの木に、外国から入ったカイガラムシがとりつき大被害を与えるようになったのは、今から一〇〇年以上昔の一八八〇年ごろの話である。

当時の昆虫学者が研究をした結果、カリフォルニアに入り込んだカイガラムシは、オーストラリア原産のイセリアカイガラムシという種類だとわかった。イセリアカイガラムシは外来種なので、アメリカにはこの虫を食べる天敵がおらず、結果、イセリアカイガラムシは大発生してオレンジ栽培は大打撃を受けることになった。ここに至って、ケーベレという名の昆虫学者がオーストラリアへ派遣されることになる。

イセリアカイガラムシの原産地で、この虫の天敵を探すという仕事にケーベレはつくわけだ。彼は首尾よく、イセリアカイガラムシの天敵を見つけ出すことに成功した。それがベダリアテントウなのだ。一八八八年に生きたベダリアテントウがアメリカに到着し、果樹園に放された。ベダリアテントウは、イセリアカイガラムシばかりを食べる。さらに、ベダリアテントウのメスは八〇〇個もの卵を産み、暖かい季節であれば、二週間ほどで卵から成虫になる。そのため、ベダリアテントウを放虫した一帯からは、たちまち、イセリアカイガラムシは姿を消していった。

この大成功によって、カリフォルニア以外でも、イセリアカイガラムシが発生すると、生きたベダリアテントウを放すようになった。ハワイにも、ケーベレの手によって、一八九〇年にベダリアテントウが持ち込まれた。そして、はるばる日本にもベダリアテントウが持ち込まれた。一九〇五年、当時日本領土だった台湾でイセリアカイガラムシが発生したため、ハワイからベダリアテントウが持ち込まれたのだ。また一九一一年には静岡県でイセリアカイガラムシが発生したため、台湾からベダリアテントウが送り出された。つまり、日本で見られるベダリアテントウは、元をたどるとハワイ出身なのだ（もちろん、さらに元をたどるとオーストラリアが出身地になるけれど）。

沖縄にもベダリアテントウが分布していることになっているが、僕はまだ見つけられていない。イセリアカイガラムシらしきカイガラムシを見つけても、そのカイガラムシを食べているのはダイダイテントウ（口絵7）のほうだ。しかし、子ども時代を振り返ると、館山の実家近くのミカンの木で、ベダリアテントウを見た記憶や記録が残っている（夢の島通いをしているうちに、ベダリアテントウと再会をはたすことができた。夢の島ではソテツの葉裏に発生していたイセリアカイガラムシを捕食している姿が、二〇一四年の七〜八月にかけて見ることができた）。

ベダリアテントウのことを調べていると、ベダリアテントウの成功は、その後、いろいろなテントウムシの天敵利用へと広がったことがわかる。ハワイにおいても、ベダリアテントウ以外のさまざまなテントウムシが、あちこちから移入されるようになった。その中には、せっかく持ち込まれたけれど、うまく棲みつけなかったものもある。

では、ハワイにはいったい何種類のテントウムシが持ち込まれたのだろうか。見つけ出せたのは、少し昔の資料で、一九七五年に発表された「ハワイのテントウムシのレビュー」という報告だ。これを見ると、一九七五年当時にハワイに棲みついているテントウムシ（導入されたものの棲みつけなかった種類は省いてある）は全部で四〇種いることになっている。ハワイにはもともとテントウムシはいなかったから、これらはみな外来種だ。そのリストの中には、僕がハワイでは直接姿を見ることはなかったものの、ベダリアテントウやミスジキイロテントウなどと同じように日本と共通する種類のテントウムシとして、ナナホシテントウやカタボシテントウ（口絵7）の名前があった。

足元の自然

ナナホシテントウは日本の在来種である。ただし、ナナホシテントウは日本だけに分布しているテントウムシではない。

ナナホシテントウは、大変広い分布を持っているテントウムシで、日本本土～沖縄のほか、朝鮮半島、樺太、台湾、ユーラシア大陸、アフリカ北部、北米が分布地であると『テントウムシの調べ方』には書かれている。ちなみに、沖縄のナナホシテントウは、日本本土のナナホシテントウとは少しだけ斑紋が違う。本土のナナホシテントウに比べて、七個あるホシがいずれも小さいのだ。実はユーラシア大陸のナナホシテントウは、沖縄で見られるナナホシテントウ同様、ホシが小さいので、本土のナナホシテントウのほうが変わっているのが本当のところだ。ハワイには、この広い分布地のどこからかのものが、導入されたということになるわけだ。

日本在来種のナナホシテントウ。沖縄と本土に棲息するものでは、ホシの大きさが違う。沖縄に棲息するものはユーラシア大陸型

一方、カタボシテントウは、ベダリアテントウ同様、オーストラリアなどが原産のテントウムシである。オーストラリアは固有の生物を誇る島大陸だが、孤立した地域の生態系はもろい面があり、オーストラリアの固有の動物の中にも絶滅してしまったり、個体数が減少したものが少なくない。

しかし、ちょっと意外な気がするのだけれど、オーストラリア原産のテントウムシは、ベダリアテントウにせよ、カタボシテントウにせよ、どうやら世界に進出できる力があるようだ。カタボシテントウはオーストラリアのほか、ニューカレドニア、ニユーギニア、ミクロネシア、フィリピン、インド、ボルネオ、スマトラ、タイ、台湾などに分布していて、日本からは小笠原だけから従来、記録があった。また、北米やハワイ、ニュージーランドには移入されている。

このカタボシテントウが、二〇〇八年頃から沖縄でも見られることが報告された。ハワイのようにわざわざ導入したという話は聞かないので、どのようにして沖縄まで分布を広げたのかはよくわかっていない。

カタボシテントウが沖縄で見つかったという報告を読んで、その姿を探してみることにする。と、オオハシさんとテントウムシ探しをしたS公園で、あっさりとカタボシテントウを見つけることができた。いつのまにかもう、沖縄で普通に見かけるテントウムシのひとつになっていたのだ。こうした昆虫相の変化は、沖縄に住んでいても、いったい、どのくらいの人が、気がついているのだろう。僕自身、テントウムシに興味を持っていなかったら、たぶん気がついていなかったのではないかと思う。

僕たちは、足元の自然を、どれくらい知っているのだろう？

7章　青いテントウムシの正体

ハワイの外来昆虫

調べるうちに、少しずつ、ハワイに移入されたテントウムシたちの正体がわかってくる。では、僕がハワイで見た青いテントウムシは、いったいどこからハワイに持ち込まれたのだろう。そして、なんという名前のテントウムシなのだろうか。

ハワイは絶海の孤島だった。虫だけでなく、ハワイに見られる在来の植物も、はるばる渡ってきたものだ。そしてハワイに生育するようになり、ほかの地域とは隔絶された中で長い時間を経ていくうちに、ほとんどが世界でそこだけにしかいない植物ばかりへと進化していった。『ハワイの自然』を読むと、ハワイにもともと生えていた種子植物は九五六種あり、そのうち固有種の割合は八八・九パーセントに当たると書いてある。ところが、そのハワイで見られる帰化植物の数は、在来植物とほとんど同じ八六一種にもなるのだ。外来種の割合が多いのも、虫といっしょだ。

人間は、もともとハワイには生えていない植物を島に数多く持ち込んだ。と同時に、その過程で、

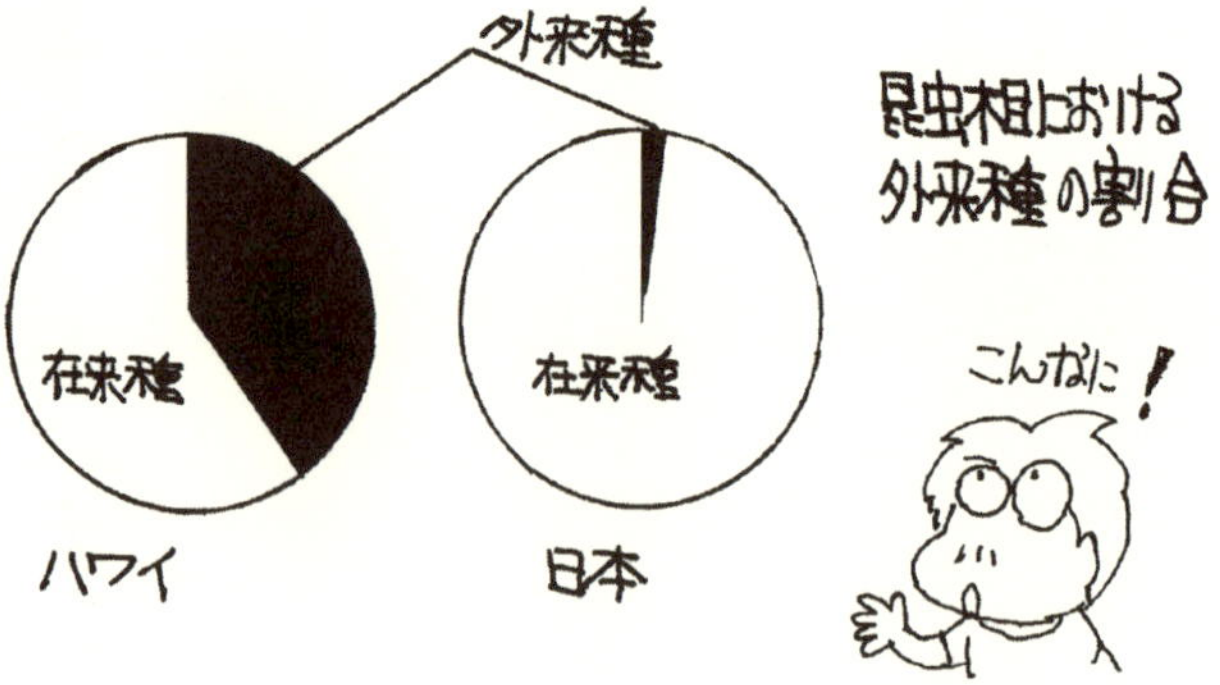

その植物を食べる虫たちも島内に紛れ込むことになった。しかし、ハワイにはその紛れ込んだ虫たちを食べる天敵はほとんどいなかった。そのような環境の中では、移入された虫たちは大発生できる。そこで、今度は紛れ込んだ虫を退治するために、わざわざ人間は天敵の虫を外国からハワイにもってきて放す。ハワイにテントウムシの種類が多いのは、そんなわけがあるからだ。

ハワイの虫全体について、見てみると、もともとハワイには五一六一種の在来の虫がいたとある（『ハワイの自然』から）。この虫たちも植物と同じように、そのほとんど（九九・一パーセント）が固有種だった。ところが、人間の活動に伴い紛れ込んできた虫や、その虫を退治しようと人間が持ち込んだ虫……つまりはハワイに移入された虫たちは、二七〇五種にもなった。ハワイから記録されている虫に対する外来種の割合（外来種数÷全種数）を求めると、三四・四パーセントという値が求められる。

一方、「外来昆虫の現状と対策」という論文を読むと、日本から記録のある一九九八年当時の外来種数は二七五種で、これは日本で記録された昆虫の一パーセントに当たると書かれている。単純計算をすると、ハワイの虫の外来種が占める割合は、日本の三〇倍以上になる。これでは、ハワイに行ったとき、目にした虫がみんな外来種だったのもうなずける。

さて、ハワイには、そんなふうに、あちこちからたくさんのテントウムシたちが持ち込まれた。ネットでさらに調べていって、ハワイの青い色のテントウムシの正体がようやくわかる。英語名は「スチールブルー・レディバード」。青光りする鋼の色になぞらえた名前だ。今のところ日本名はないので、ここで「スチールブルーテントウ」と呼ぶことにしよう（口絵8、学名は *Halmus chalybeus*）。そして、このスチールブルーテントウも、ベダリアテントウやカタボシテントウと同じくオーストラリア原産のテントウムシだった。

太平洋の奥地

繰り返しになるが、ハワイは太平洋の真ん中にできた火山島だ。その海の真ん中に顔を出した島に、偶然、いろいろな方法で生き物たちが渡ってきた。せっかく渡ってきたのに、うまく生き残ることができなかったものもあるだろう。その逆に、うまく生き残ることができただけでなく、長い時間のあいだに、新しい種類に進化したり、さまざまな種類に分化したりするものもあらわれた。そうして、ハワイには、その島独自の生態系がつくられていった。

一方、人間はアフリカで生まれた。その後、アフリカを出た人間は、世界のあちこちへと広がっていった。その中に、アジア大陸から太平洋の島々へと漕ぎ出した人々もいた。その太平洋へ漕ぎ出した人々の中に、「太平洋の奥地」と呼ばれるポリネシアの島々に住みついた人々がいる。太平洋の奥地というのは、人々が出発したアジア大陸から、いちばん離れたところにある島々だからだ。

ポリネシアの島々に住みついた人々の祖先は、今から四〇〇〇年ほど前、ニューギニア近くの島に現れた（もっと前はアジアに住んでいたと考えられている）。やがて、島伝いに、遠くの島へと人々は移り住むようになった。そのポリネシアで、人々が最後にたどりついた島の中でも、ポリネシアの人々が住みついた島々の端っこが、ハワイ、ニュージーランド、イースター島の三つの島なのだ。この三つの島に囲まれた海域は、「ポリネシアの三角圏」と呼ばれている。これは、なんと地球の全表面積の六分の一程度もの広さをも占める広大な海域だ。

ポリネシアの中でも、ハワイには、一三〇〇年ぐらい前に人々が移住したのが始まりと言われている（その後も、移住は行われた）。これらの人々は、タロイモ（サトイモの仲間）やパンノキ、バナナなどを島に持ち込んだ。また、南米が原産のサツマイモも、ポリネシア人によって、ハワイに持ち込まれた。チョウでさえ二種類しか渡りきれなかったようなハワイに、かつてカヌーを使ってたどり着いた人々がいるわけだ。ハワイ固有の生き物もすごいと思うけれど、ハワイに住みついた人々もまた、すごいと思わざるをえない。

一七七八年になると、ハワイに初めて欧米人が訪れることになる。キャプテン・クックと、その部下のイギリス人たちだ。ここから、ヨーロッパ世界とハワイとの交流……ひいては、さまざまな植物や虫、鳥たちの移入の歴史が始まる。持ち込まれた植物の中にはパイナップルのように、ハワイの経済を支える働きをしたものもあった。中には病原菌のように、ハワイにもともと住んでいたポリネシア人の人口を大きく減らしてしまう要因となったものもあった。

また、移入された作物に発生するようになった害虫を退治するため、外国からわざわざ、テントウムシたちも持ち込まれるようになった。島には必ず歴史がある。その島の歴史のひとつの結果として、ハワイには青いテントウムシがいる。

ニュージーランドへ

ポリネシアの三角形を形作る島のひとつがニュージーランドだ。ニュージーランドに行こうと思った理由は、この島にもまた、青いテントウムシが棲みついているという情報を耳にしたからだ。

ニュージーランドといったら？　自分の中のニュージーランドの常識を引っ張り出してみた。羊の島？　牧場ばかりなのだろうか？　どうも、あまり大した常識は持っていない。では、実際に出かけてみることにしよう。

沖縄から成田へ。成田から一度、シンガポールへ。そしてシンガポールからニュージーランドのオークランドへ。まるまる一日以上かかって、ニュージーランドへたどり着く。ハワイと異なって、ニュージーランドは日本本土と似た、温帯気候の島だ。僕が訪れた三月末は、ニュージーランドの秋の始まりごろ。最高気温は二〇度ほどで、最低気温は一一度ぐらいだった。ニュージーランドの面積は二七万五三四平方キロ。これは、ハワイと比べても断然大きい値だ。ニュージーランドの面積は日本の四分の三ほどもあるのだ。僕が訪れた北島にあるオークランドは、首都ではないけれど、ニュージーランド一の人口を誇る都会。ただ、東京や那覇のようにビルばかりが立ち並んでいるわけではなく、小さな丘がつらなる、緑の多い街だった。

オークランドの丘の上の公園に立って、「うーん」とまた、思う。足元にたくさん落ちていたのが、ドングリだったからだ。ドングリをつける木は、ニュージーランドの在来ではない。ニュージーランドに住みついた人々のふるさとと同じイギリスから持ち込まれた木なのだ。

さらに歩き回ってみると、移入された植物だけでなく、移入された虫も目に入ってきた。たとえば公園の花に来ていたのは、マルハナバチの仲間だ。マルハナバチもヨーロッパからやってきた。なぜわざわざマルハナバチを持ち込んだのだろうか。それはニュージーランドで育てられている羊のためという。

ニュージーランドに住みついたヨーロッパ人は、この島で羊を育て始めた。その羊の餌として持ち込んだのが、アカツメクサだ。ところがニュージーランドにはアカツメクサの花粉を運んでくれるハチがいなかったのだ。そのままではアカツメクサは新しい種子を作れず、ニュージーランドの牧畜業は暗礁に乗り上げてしまう。そこで、アカツメクサの花粉を運んでくれるマルハナバチもヨーロッパから連れてくることになった。マルハナバチの仲間は一八八〇年代にニュージーランドに導入され、全部で四種類が定着しているという。

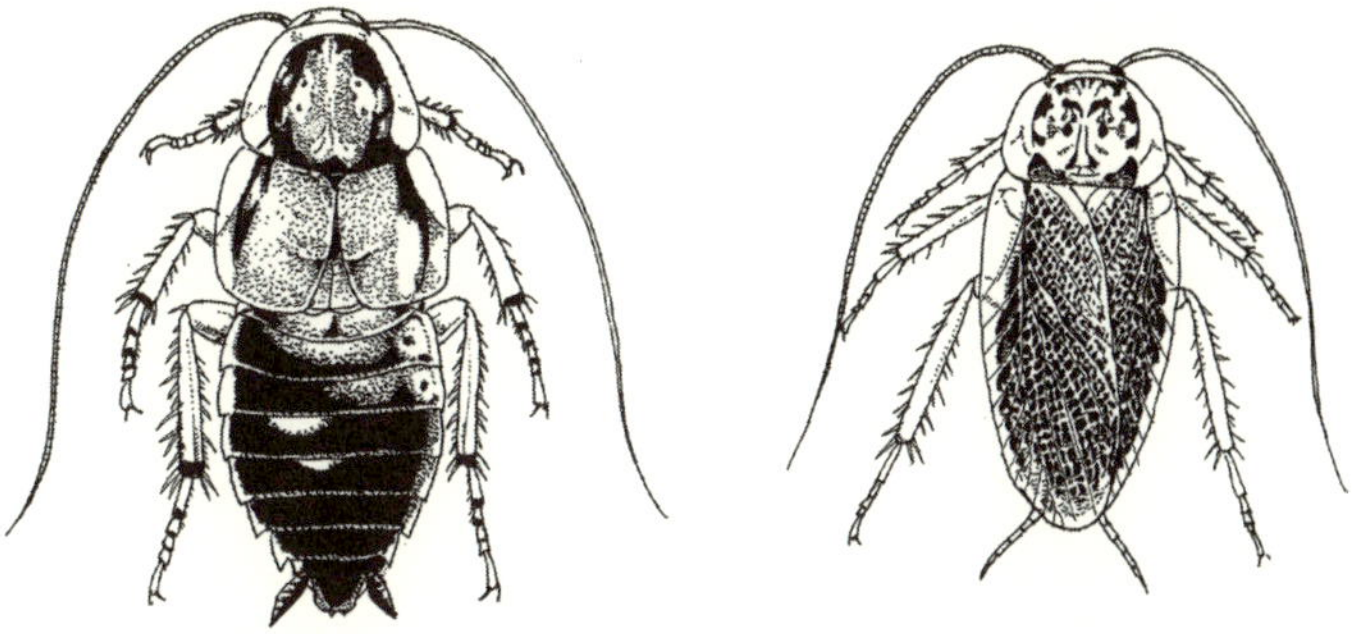

（17mm）　（11mm）

ニュージーランドには在来種のゴキブリが分布している

こんなふうに、ニュージーランドにもヨーロッパからの人々の移住とともに、多くの生き物たちが持ち込まれ、自然の姿が変わっていった。それでも、ニュージーランドの場合は、ハワイのように生態系がそっくり入れ替わってはいないことが、歩き回るうちに少しずつわかってくる。オークランドの街中にある公園も、谷沿いの小道に入り込めば在来の木生シダがたくさん生えているのが目に入る（映画、『ラストサムライ』はニュージーランドで撮影されたため、日本の侍たちの戦闘シーンの背後に、たくさんの木生シダが映っている）。こうした木生シダが生い茂る様はニュージーランド特有の風景と言える。

ニュージーランドには在来のセミも何種類もいて、公園の森でも樹上からセミの声が聞こえてきた（ニュージーランド産のセミの総数は四〇種以上と、日本全体のセミの種数を上回るほどだ）。ハワイと違ってセミがいるのは、この島が海のど真ん中にできた火山島ではなくて、もともとは大陸の切れ端が、移動してできた島だか

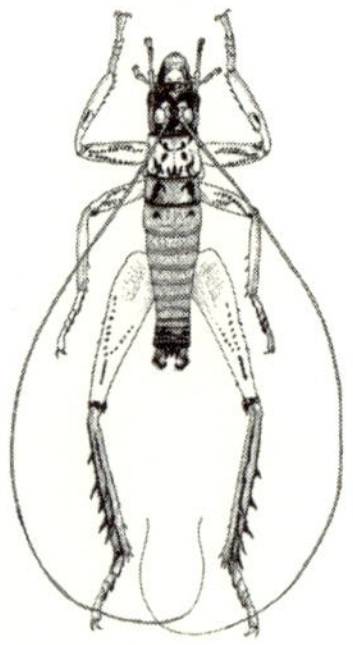

オークランド・ツリー・ウェタ（34mm）

らだ。

ただ、地史を振り返ると、ニュージーランドは一度、かなりの部分が海中に沈んでしまったことがあると言われている。中には、一時的にせよ、すべての陸地が水没したことがあるという研究者もいて、その場合は、ニュージーランド固有の生き物たちは水没後にあらたに移住してきた生き物たちが始まりになっていることになる。この点については、まだはっきりとどちらであるか、言い切ることができない状況のようだ。いずれにせよ、そのようなニュージーランド固有の歴史が、この島ならではの生き物たちを棲みつかせることになった。ニュージーランドは大陸島と海洋島の性質をあわせもったような、不思議な島なのだ。

オークランドの市街地背後にある、丘の上に立てられた博物館に入ってみると、人間が移住する前のニュージーランドに、どんな生き物が棲んでいたかがよくわかる。人の背丈よりも大きな、飛べない鳥モアの骨格標本が博物館の中に飾られている。モアには何種類かいて、コウモリ以外の地上性の哺乳類がいないこの島では、生態系の中で、鳥のモアがゾウやシカのような役割をはたしていた。

直翅類の大好きなスギモト君のアコガレの虫たちもまた、博物館には展示されている。それは翅がない巨大なカマドウマのような、ウェタと呼ばれる虫たちだ。その中でも最大のジャイアント・ウェタは体長一〇センチ、体重五〇グラムと手のひらサイズの巨大な虫だ（カマドウマギライの人にとっでは、悪夢のような虫かもしれない）。

ネズミやモグラといった小型の哺乳類のいないニュージーランドでは、このウェタが生態系の中でネズミのような役割をはたしていたらしい。ところが、人間が移住すると同時に、本物のネズミも持ち込んでしまった。そのため、ジャイアント・ウェタは、現在は限られたところでしか見ることのできない虫になっている。

ニュージーランドのテントウムシ

博物館から外に出て、何げなく立木の樹皮をはがしたときに、びっくりするようなことがおこった。樹皮の下からウェタの一種が出てきたのだ。ウェタは人間や、人間が移入した動物によって、ずいぶんと迫害されてしまったわけだが、僕が見つけたオークランド・ツリー・ウェタという種類は、オークランドの公園の中でも棲み続けられる、いわば街のウェタだ。その土地でしか会うことのできない虫に出会うことができる……。これこそ、本来の島めぐりの醍醐味だ。街を歩くうちに、ほかにも、コガネムシやハサミムシなどで、ニュージーランド在来と思える虫に出会えた。

では、テントウムシは？　歩き回っているうちに、テントウムシも見つけることができた。テントウムシがついていた木は、トベラの仲間の在来種だった。その木の葉の上にとまっていたのは、ハワイで見たのと同じ青いテントウムシだ。スチールブルーテントウは、ニュージーランドにも導入されているという情報を耳にしたからこそ現地までやってきたのだが、実際に自分の目でその姿を確かめることができたのだ。

後で調べてみると、ニュージーランドへはオーストラリアから直接スチールブルーテントウが導入されたとある。最初に導入されたのは一八九九年なので、これはベダリアテントウのカリフォルニアへの導入と、それほど時期が変わらない。日本でこそなじみではないものの、このテントウムシは、ずいぶんと前から注目されていたテントウムシだったのだ。

ちなみに、ニュージーランドにはハワイと違って、もともと在来のテントウムシも棲んでいる。その数は二〇種ほどだ。ところが、歩き回ってみた限り、スチールブルーテントウが、いちばん、普通に目につくテントウムシになっていた。実際、ニュージーランドのミカン園でテントウムシを調べたところ、目視されたテントウムシの個体のうち九七・五パーセントがスチールブルーテントウだったという調査結果が報告されているほどだ。現在ではニュージーランドから合計で四〇種ほどのテントウムシが報告されていて、その約半数が在来種、半数が外来種という割合になっている。

僕がニュージーランド滞在中に、ほかに見かけた二種類のテントウムシも、いずれもオーストラリアからの外来種だった。そのうちのひとつは、体長六ミリのラージ・スポッテッド・レディバード（口絵8、*Harmonia conformis*）。そして、もうひとつは体長四ミリの菌食のテントウムシ、ファンガス・イーティング・レディバード（口絵8、*Illeis galbula*）だった。また、見つけることはできなかったけれど、ベダリアテントウも導入されているようだ。

今回のニュージーランドの旅では在来種のテントウムシらしき姿は、とんと見かけることがなく、実際にはどのような姿のものかは、よくわからない。ひょっとすると、ヒメテントウのような小型種かもしれないとも思う。

ハワイと比較すると、ニュージーランドでは低地であっても在来の樹木が残り、在来種の虫たちもちらほらと目にするのだけれども、それでもテントウムシなどを見る限り、入れ替わりも多く起こっていることがわかる。

ニュージーランドの虫事情

ニュージーランドの本屋にも行ってみたのだけれど、ハンドブックサイズの図鑑しか手に入れることはできなかった。それでもニュージーランドの虫についての概要はわかる。

手に入れた『A Photographic Guide to Insects of New Zealand』の中に紹介されていた、ニュージーランドの目《もく》ごとの種数（在来種だけでなく、外来種も含まれてい

表10　ニュージーランドの目ごとの昆虫の種数

シミ目	5	カメムシ目	800
カゲロウ目	40	アザミウマ目	35
トンボ目	17	ヘビトンボ目	1
ゴキブリ目	30	アミメカゲロウ目	16
シロアリ目	7	甲虫目	5500
カマキリ目	2	シリアゲムシ目	1
ハサミムシ目	20	ネジレバネ目	35
カワゲラ目	100	ハエ目	2000
バッタ目	150	トビケラ目	200
チャタテムシ目	50	チョウ目	2700
シラミ目	350	ハチ目	600
ナナフシ目	16		

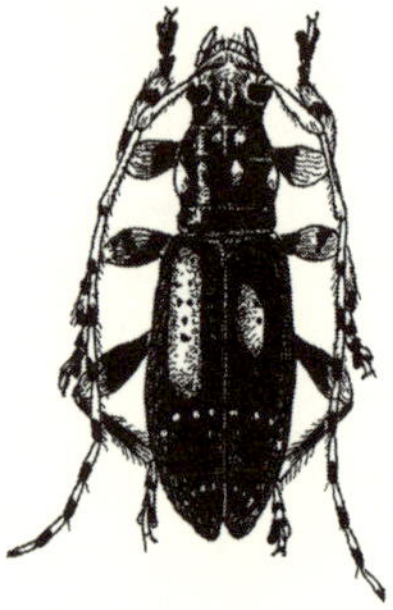

ニュージーランド在来のカミキリムシ（体長9.2mm）

る）は表10のようになっている。

表10を見てわかるように、ハワイにはまったく分布していないナナフシの仲間の在来種がニュージーランドには複数棲息している。ゴキブリも、外来種だけでなく、在来種が存在している。カマキリも二種しか棲息はしていないものの、そのうち一種は在来種だ（もう一種は南アフリカからの外来種で、北島北部では在来種にとって替わっていると書かれている）。

甲虫については、五五〇〇種のうち、およそ九〇パーセントが在来種で、甲虫の科のほとんどは分布しているが、総体的にクワガタムシ科、テントウムシ科、タマムシ科などは種数が少ないとある。また、甲虫の在来種では、多くの種類が飛べなくなっているともある。

しかし、驚いたのは『A Photographic Guide to Insects of New Zealand』の中に書かれていた、次の一節だ。ニュージーランドの虫には飛べなくなっているものも少なくない。そうした虫は、移入されたネズミによって絶滅したものも多いという。その正確な数は、おそらくもうわからないのだけれど、「数千種に達することは確実だ」と。

ナミテントウの広がり

ハワイやニュージーランドのような島は、生物相的には極端な島だ。しかし、その分、島の自然とはどのようなものかを気づかせてくれる貴重な存在でもある。僕の住んでいる沖縄島は大陸島なので、ハワイに比べると、生態系がまるごと置き換わるほど外来種は、はびこってはいない。しかし、沖縄島も島である以上、同様の傾向はある。有名な例は、捕食性の肉食獣が欠けていた生態系に、マングースやノネコが移入された結果、オキナワトゲネズミやヤンバルクイナなどの固有の生き物に影響が出ているというものだ。

ハワイやニュージーランドのテントウムシを見ていくと、ベダリアテントウの天敵としての導入成功を機に、テントウムシたちの天敵利用が盛んに行われてきたことがわかる。「普通の人」にとっては、テントウムシは「好きな虫」としてとらえられるような虫だった。一方、「虫屋」にとっては、テントウムシはあまり人気のない虫でもあった。また、理科教員である僕にとっては、テントウムシは教材として扱う虫でもある。さらに農業とかかわりの深い応用昆虫学の分野では、テントウムシは天敵利用のヒーローだ。

ハワイで見つけたスチールブルーテントウの標本をオオハシさんの元へと送り出してみる。テントウムシ屋のオオハシさんは、青いテントウムシをどう思うだろう。

「こんな金属光沢のテントウムシは初めて」

テントウムシ屋のオオハシさんも、青いテントウムシには驚いていた。

しばらくして、今度はオオハシさんから小さな小包がとどく。仕事でアフリカに行ってきたのだという。そのアフリカで見つけた二種類のテントウムシの標本（口絵8）が小包には入っていた。標本を見ると、アフリカのテントウムシも、まん丸で、大きさも日本で見かけるものと変わらない。そのため、ひと目でテントウムシとわかる。やはり、テントウムシは世界基準を採用している虫のようだ。それでも、アフリカ産のテントウムシはアフリカならではの、僕の初めて見る種類だった。

オオハシさんからの手紙を読むことにする。

「だんだら模様のテントウムシはアブラムシを食べているようです。現地では普通種のようです。もうひとつはアカホシテントウの仲間のようです。ビクトリア湖畔に浮かぶ小さな島を訪れたとき、キョウチクトウに似た木にたくさんいました。現地の人が好んで生垣に使っていた木です。家畜が食べないので有毒植物だと思います。この木にカイガラムシが発生していて、このテントウムシがたくさんついていました。漆塗りのような美しい色で気に入っています」

手紙を読んで、僕の行ったことのない土地で暮らす、人々とテントウムシたちのことを思い浮かべようとしてみた。それぞれの土地にそれぞれの人々が暮らしているように、それぞれの土地には、それぞれの種類のテントウムシが棲んでいる……。それが世界のもともとの姿だ。しかし、テントウムシは作物や果樹の害虫の天敵として優れた力をもっている。そのテントウムシの種類によって、どんな害虫にどのような捕食性を現すかには違いがある。そのため、もともと現地に棲んでいたテントウムシよりも害虫に対してすぐれた防除力を持った外国産のテントウムシがいれば、その土地に導入される。

日本本土では、ナミテントウは、昔から棲みついている普通のテントウムシだ。ところが、このナミテントウが、世界のあちこちに放されるようになった。天敵としての害虫防御力に優れていたからだ。ところが、ベダリアテントウの成功のときには起こらなかった問題が、ナミテントウの場合では発生してしまう。なぜなら、オオハシさんの話にあったように、ナミテントウは実は「攻撃的な」テントウムシであったからだ。

たとえば、ブラウンが二〇一一年に書いた「ナミテントウの世界的広がり」という題の論文を読むと、驚くことが書かれている。

もともと、ナミテントウは日本本土のほか、中国、韓国、モンゴル、東ロシアなど、中国大陸東部から日本にかけて棲んでいた。このナミテントウが、アブラムシ退治に優れた力があるので、世界各地に移入された。問題になっているのは、ナミテントウが予想以上に捕食性が強かったという点だ。アブラムシを食べるだけならまだしも、ほかのテントウムシたちの卵や幼虫まで食べてしまったのだ。

つまり、ナミテントウを移入すると、もともとその土地に棲んでいたテントウムシたちが、姿を消してしまうようになった。しかも、ナミテントウは、人間が放した場所から自分たちでどんどん棲みかを広げる力も持っていた。

一九一六年、初めてアメリカにナミテントウが移入された。移入されたのは、カリフォルニアとハワイだった。ただし、このときのナミテントウは、うまく棲みつくことができなかった。ところが、その後、何度もナミテントウを移入しているうちに、一九八八年になって、ナミテントウが急にアメリカ本土一帯に広がり出す。ブラウンが二〇一一年にこの論文を書いたときには、アメリカの中で、ナミテントウが見つかっていないのは、ワイオミングとアラスカだけ、という状況になってしまったとある。

アメリカだけではない。南米でも、アルゼンチンをはじめとして、ブラジルなど各地でナミテントウが広がりつつあるという報告がある。ヨーロッパでも二〇一〇年にはイギリス、フランスをはじめ、アイルランド、ポーランド、ブルガリアなどなど、全部で二六か国からナミテントウが記録されるようになった（今や、ナミテントウはヨーロッパでもっとも普通のテントウムシのひとつになってしまっている）。アフリカにおいても、チュニジアやエジプトに移入されてしまい、世界の中でナミテントウが入っていないのは、オーストラリア大陸だけだという。

こうして、ナミテントウが普通になると同時に、それまでその土地で普通に見られたテントウムシは普通ではなくなってしまった。ヨーロッパでのナミテントウのふるまいについて書かれた別の論文

では、その例として、ナミテントウはヨーロッパにもともと棲んでいたナナホシテントウやフタホシテントウに影響を与えていると書かれている。

ナミテントウの幼虫とフタホシテントウの幼虫をいっしょにするという実験をしてみると、丸一日の間で一〇〇パーセント、ナミテントウの幼虫はフタホシテントウの幼虫を攻撃したとある。ベルギーでは、ナミテントウが入り込む前は、フタホシテントウはミカンやカエデの木でいちばん普通に見ることができたテントウムシだったものの、ナミテントウが入り込んだ後は、ナミテントウがいちばん普通に見ることができるテントウムシに替わってしまったと書かれている。

こうして見ていくと、ナミテントウがもともといる日本に、さまざまなテントウムシが普通にいるというのは、不思議な気もしてくる。ダンダラテントウは、ナミテントウがいるところでは、おいしくないアブラムシを食べているかもしれないと、オオハシさんが言っていたけれど（実際、夢の島ではキョウチクトウアブラムシにダンダラテントウがよく集まっていた）、ほかのテントウムシたちも、ナミテントウに捕食されないような工夫を持っているのかもしれない。

テントウムシの一番の敵

テントウムシを探すとき、「ショクブツヲミヨ」というおまじないが大事なのは、テントウムシにとって、餌になるアブラムシの存在が何より大事だったからだった。それに加えて、テントウムシたちが生きていくには、ライバル（ほかのテントウムシ）との関係も予想以上に深くかかわっている。つまり、テントウムシのいちばんの敵はテントウムシと言えるかもしれない。

それにしても、世界中がナミテントウだけの世界になったら、それはやはりひとつの「悪夢」の形ではないだろうか。もちろん、ナミテントウに罪があるわけではない。

最近になって、こうした問題点を克服すべく、「飛ばないナミテントウ」や「飛べないナミテントウ」の開発も行われている。

飛ばないナミテントウとは、野外のナミテントウの中から、飛翔能力の低いものを拾い出し、その飛翔能力の低い個体同士をかけ合わせて子どもを作ることを繰り返して、飛翔能力のない遺伝的な形質を持つナミテントウの系統を作り上げるものである（実際には三五世代かけてそのようなナミテントウを作り上げたという。『むしコラ』http://column.odokon.org）。

飛べないナミテントウは、物理的に翅を折ることで飛翔能力をなくす方法や、サナギを狭いチューブ内に閉じ込めることで羽化したときに十分に翅が伸びずに飛べなくさせる方法、さらには翅形成の遺伝子の機能阻害を起こす方法などが開発・研究されている。

飛翔能力をなくすことで、畑に離したときの定着率を上げることがいちばんの目的だが、結果として、野外への拡散を防止する意味もありそうだ（ナミテントウがもともと分布している地域では、野外個体への遺伝的影響という問題は考えなくてはいけない場合があるだろう）。

天敵による害虫防御は、農薬の使用を減らすといった環境への負荷を減らす利点が確かにある。一方で、その地域にいないはずの生き物を意識的に導入することによって地域の生態系が大きく乱されたという事例は事欠かない。そして一度乱された生態系を再び元に戻すことは難しい。特に何らかの原因によって絶滅してしまった生き物をよみがえらせることは不可能だ。今後、どのような新技術を導入したにせよ、害虫防除のための天敵の導入は必要以上に慎重に行う必要があると僕は思う。


ナミテントウについて調べていくと、世界各地に広がりつつあるナミテントウが、なぜ沖縄にはいないのだろうかという疑問が生まれてくる。沖縄は、ナミテントウが普通にいる本土とは、距離的にはそんなに離れていないから、すぐに入り込みそうなものではないだろうか。

どうやらその答えは、沖縄はナミテントウにとっては暑すぎるということらしい。ナミテントウの成虫は冬、集団で冬越しをする。沖縄のように、冬もそれほど寒くないと、このリズムが狂ってしまい、うまく一生を送れないらしいのだ。

移入テントウムシの天国と化しているハワイに、ナミテントウが定着できなかったのも、同様に暑すぎる結果ではないかと考えられる。世界にナミテントウが広がりつつある現在、ナミテントウがいない地域は、それだけで貴重な存在なのかもしれない。

8章　テントウムシの島めぐり

マーシャル諸島へ

テントウムシを追いかけているうちに、僕はハワイやニュージーランドにまで足を延ばすことになった。が、そもそも僕は島が好きだ。アフリカやアマゾン、アラスカといった大自然にもあこがれるけれど、太平洋に散らばる、いろいろな島に端から出かけてみたいという思いがある。いや、願わくば世界中の島に行ってみたいと僕は思う。

もちろん、時間もお金も有限だ。行くことのできる島は限られている。一年にせいぜい一か所、新しい島に行けるかどうかが現実的なところだ。そうして、選んで出かけた島のひとつにマーシャル諸島がある。

マーシャル諸島は太平洋に散らばる島々のうち、ミクロネシアと呼ばれる海域に位置し、マーシャル諸島だけでひとつの島国を形成している。水爆実験の行われたビキニ環礁もこのマーシャル諸島に属している。マーシャル諸島には日本からの直行便はない。そのため、僕も最初はどのように行ったらいいのか、わからなかった。日本から飛行機に乗ると、約三時間でやはりミクロネシアに属する有名な観光地、グアム島に着く。僕の住んでいる沖縄からだと、このグアムまでの行程で一日かかる。グアムで一泊したのち、翌日、今度はグアム発ハワイ行の飛行機に乗り換え、七時間から八時間でようやく、マーシャル諸島の首都、マジュロ環礁に着くことになる。

グアム空港は日本人であふれているものの、マーシャル行の飛行機の中にはほとんど日本人の姿は見えない。このマーシャル経由ハワイ行の飛行機は、なんと「各駅停車」だ。グアムを出て、チューク、ポナペ、コスラエ、クエジェリンと各島に降り立ちながら、飛行機はマジュロに到着し、その後さらに最終目的地であるハワイまで飛んでいく。このハワイまで飛んだ飛行機が、また「各駅停車」をしながらグアムまで戻ってくるのだ。往路にせよ、復路にせよ、島ごとに人々が降り立って、また乗り込んでくるという、ちょっと不思議な感じの国際線だ。

僕の乗った飛行機は、たまたま、コスラエとクエジェリンに止まらない便だったため、通常より短い飛行時間でマジュロに着いた。このうちクエジェリンはマジュロと同じマーシャル諸島という国の中に属している別の環礁だ。首都のほかにわざわざクエジェリンに飛行機が立ち寄るのは、ここには大きな米軍基地（ミサイル防衛基地）があるからである。

グアムを午前中に飛び立っても、マジュロに着いたらすでに夕方だ。空港にはマジュロ環礁に在住している、旅行社と契約している日本人スタッフが迎えに来てくれて、ホテルまで送ってくれた。この日はすでに夕方になってしまったため、島の様子はほとんどわからなかった。翌日から、わずか丸二日間だけだったたが、マジュロ環礁内を歩き回る時間がとれる。

真珠の首飾り

ここまでも書いたように、マジュロは環礁と呼ばれる島だ。まず、環礁とは何かということを、少し説明しておく必要があるだろう。

あるとき、海底から火山が噴き出る。海上まで火山が伸びあがれば、島になる。この島が南の海にできれば、島の周囲にはサンゴ礁ができあがる。ところが、噴火が収まると、島はやがて雨や風で少しずつ削られていく。地殻変動によって、島が沈むこともある。そんなふうにして、もとは島だったところが沈んでしまうとどうなるだろう。

島の周囲のサンゴ礁は、サンゴという生き物が作り出した地形だ。そのため、島がいきなり沈んでしまわない限り、サンゴ礁は、少しずつ、伸びあがっていくことができる。そうすると、もとあった、島の周りのサンゴ礁だけが、海面近くに残されることになる。このサンゴ礁の一部が陸になると、まるで首飾りのように細長い島ができあがる。これが環礁と呼ばれる島だ。マーシャル諸島には、こうした首飾り状の環礁が二九個、首飾り状になっていない独立した小島が五つある。環礁は首飾り状といっても、ひとつながりになっているわけではなくて、さらに小さな島に区切れている。そうした小さな島々を全部数えると、一二〇〇個も島がある計算になる。マジュロ環礁の場合もいくつもの小さな島に分かれていたのだが、そのうち主要な一二個の島を埋め立て、道路でつなぎ合わせて、現在は環礁の半分ほどはひとつながりになっている。

マーシャル諸島はこのように、小さな島の集まりだ。すべてを合わせても、総面積は一八一平方キロしかない。グアム島ひとつだけでも五四九平方キロなので、ずいぶんと小さいことがわかる。マジュロ環礁だけなら、面積はわずかに九・八平方キロしかない。沖縄県で言うと、八重山の黒島が一〇平方キロなので、これとほぼ同じぐらい。ただし、黒島の人口は二〇〇人ほどだが、マジュロの場合は三万人も住んでいる。南の島とはいっても、人口は過密だ。

こうしたことは、行く前からある程度、本で読んでいたものの、実際に行ってみて、驚くことがある。マジュロ環礁内をレンタカーで走ってみる。環礁内の主要道路は、ほとんど一本道だ。道が一本しかないほど、島が細長く狭いのだ。それまで自分の持っていた島のイメージがひっくり返ってしまうほど。本当に狭いところだと、道を挟んで両側に一軒ずつ家が建っていて、その外側は両方とも海になっているのである。一方はラグーンと呼ばれる環礁に囲まれた波静かな海。もう一方は、サンゴ礁の外は広い太平洋につながる外海だ。マジュロ環礁の標高は平均して二メートル以下。高くても六メートルしかない。こんなに低くて、狭い島に人が住むことが可能なの？　実際に人家や道を見ても、そんなふうに思ってしまう（現地スタッフの人に聞くと、台風の発生範囲外にあるので、台風による高波は心配しなくてよいとのことだった)。

このような島なので、山はおろか、森ももちろんない。人間による開発の影響もあるけれど、もともと森ができるには、土地の条件が厳しすぎるのだ。ただし、そんな島でもココヤシの林だけはあちこちにある。現在は、さまざまな食糧や、生活に必要な物は、外国から入ってきている。日本のお菓子やラーメンを売っている店もあった。レストランでは立派なステーキも注文できる。しかし、飛行機も大きな貨物船もなかった時代、こんな小さな島でも人々が生きていくことができたんだ……というのが、本当に驚きだった。

一日、マジュロ環礁の中で、道路でつながっていない小島に船で渡ることにした。あるのは、砂浜とヤシの林ばかりだ。やはり細長い島でラグーン側の砂浜から、林の中の道を数分歩けば、外海が見える浜に着いてしまう。ところが、面白いことに、車もない道路もないこの島に着くと、今度はそんなに小さな島には思えなくなる。時間はゆっくり過ぎていく。

ひょんなことから、現地の人に、ヤシの実を割ったものを御馳走になった。最初は中のジュースを飲むものとばかり思っていたのだけれど、現地の子が、ヤシの実の食べ方を教えてくれた。硬い殻の中には、白くぷりぷりした部分がある。干すとココナツと呼ばれる部分だ。これをはがして、生のまま口の中に放り込む。するとイカの刺身のようで、うっすらと甘味がある。丸一個のヤシの実の中身を食べると、かなり満腹感を覚える量があった。

環礁にはヤシの木はたくさんある。実をそのまま蒸し焼きにすると、まるで焼き芋から甘味をぬいたような味のするパンノキも生えている。独特な甘味のある実をつけるタコノキもある(マジュロの街中では市場でも売られていたし、タコノキの実で作ったシェイクのような飲み物も飲む機会があった）。環礁に囲まれたラグーンの中は、波穏やかで魚や貝を捕るのに絶好の場所となっている。これなら、たとえ小さな島に見えていても、確かに暮らしていけたかもしれない。ヤシの実をほおばりながら、そんなふうに思えるようになったのだ。

現地スタッフの人に話を聞いたら、この年、マーシャルを訪れた日本人は一〇〇人ぐらいでしょう、ということだった。年間一〇〇万人の日本人観光客が訪れるというグアムと比べると、かなりの差がある。マーシャルを訪れる日本人観光客の主な目的はダイビングだろう。僕自身はまったくダイビングをしないのだけれど、友人のサンゴ研究者に「マーシャルに行ってきたよ」と言ったところ、うらやましがられたので、ダイバーたちには知られた場所のようだ。

では、マーシャルにはテントウムシはいるのだろうか。

マーシャルのテントウムシ

小さな島の中を探索してみる。さすがに生えている植物の種類は限られている。モンパノキやテリハボクのように、沖縄でもなじみの海岸植物も少なくない。植物の種類が限られているだけあって、目に入る虫もかなり数が限られていた。チョウが二種類、トンボが一種類。それに沖縄ではマングローブ林に棲んでいる直翅類のヒルギササキリモドキの仲間と、芝生でオガサワラゴキブリをようやく見つけた。ここまで虫が少ないと、どんな虫を見ても嬉しくなるほどだ。そして、なんとかテントウムシも見つけることができた。

見つけたのは、カタボシテントウだった。結局、往復四日間かけて出かけたマーシャル諸島で、姿を見ることのできたテントウムシは、このときに見つけたカタボシテントウ数匹だった。後で資料を調べてみると、ほかにもマーシャル諸島に棲みついているテントウムシはいて、たとえば沖縄で見つけたダイダイテントウも記録されていることがわかったけれど、今回の旅行では見ることができなかった。

わずか数匹のテントウムシを見るために、わざわざマーシャル諸島まで行かなくてもいいのではないかと、自分でも思わないでもない。しかし、マーシャル諸島は世界で一か所しかないのだ。だから、その地の人たちがどんなふうに暮らしていて、そこにどんなテントウムシが棲んでいるかを実感するためには、やはり一度、自分の足で出かけて行って、自分の目で見てみないことには始まらない。僕は、そう思ってしまう。

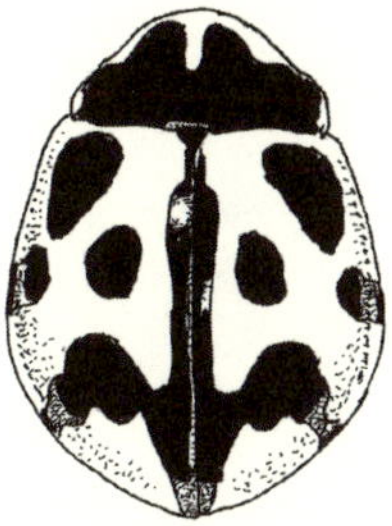

マーシャル諸島で見つけたカタボシテントウ（4.5mm）

行きたくない島

世界中の島に行ってみたいと思っている僕なのだけれど、実は「行きたくない島」もあった。それがマーシャルに行くときに経由したグアム島だ。僕はテントウムシを探しての島めぐりを始めるまで、グアムになんて、絶対に行きたくないと思っていた。僕からしたらグアムはただひたすら観光客であふれる島としか思えなかった。そんな観光地なんか、絶対に行きたくない……。

ところが、テントウムシをめぐって、ハワイに渡った。確かにハワイでも、移入された木々の花に歓声を上げる観光客の姿を見てげんなりしてしまった。ところが、そうしたハワイのことを、僕は訪れるまで、どのくらい知っていたのだろうかと思う。そうした姿も含めて、ハワイのことを「知っているようで知らなかった」のではないだろうか。グアムも、観光客があふれる島というイメージ以外の本当の姿があるはずだ。グアムにどんな生き物がいるのか、テントウムシがいるのかどうかも、もちろん含めて……。僕はまったく知らないのだった。

太平洋に散らばる島々のうち、ポリネシアの島々より、日本に近いところに位置しているのがミクロネシアの島々だ。ミクロネシアの島々は、かつて、ドイツ領だったことがある。第一次世界大戦で、日本はドイツに宣戦し、ドイツ領だったミクロネシアの島々を日本領にする足がかりを得た。その結果、ミクロネシアの島々は、第二次世界大戦が終了するまで、日本の統治領だった島も多く、日本とのかかわりあいが深い。マーシャル諸島も、第二次世界大戦前は日本領だったところだ。そのため、今でも「オリモノ」「アメダマ」といった日本語が一部、マーシャル語の中に取り込まれた形で残っている。また、マーシャル人の姓にも、モモタロウ、キンタロウなどの日本に由来する姓があるという（実際、モモタロウ商店という店を見かけた）。

グアムは面積が五四九平方キロある。ハワイに比べると、ずいぶんと小さい島だ。それでも沖縄の石垣島は二二二平方キロなので石垣島の二倍以上はあることになる。グアムは、淡路島ぐらいの大きさの島なのだ。

もともと、この島にはチャモロと呼ばれる人々が住んでいた。グアムの近くにはサイパンやテニアンといった島々があり、やはり同じようにチャモロの人々が住んでいた。これらの島々はまとめてマリアナ諸島と呼ばれている。このマリアナ諸島では、ハワイやニュージーランドとは違って、かつてはお米が作られていた。この米作りはフィリピンから伝わったと考えられている（ハワイやニュージーランドのポリネシアの人々とは、文化や歴史が異なっている）。

グアムに興味を持つまで、考えたことがなかったのだが、グアムも実は、海洋島だ。つまり、生き物にとっては渡りづらい島であり、逆にたまたま渡ることに成功した生き物が固有化することが見られる島である。事実、グアムには、飛べないグアムクイナをはじめとした固有の生き物が知られている。

グアムに行ってみたら……

僕がグアムに初めて行ったときは、沖縄からの直行便でグアムに向かった。沖縄からグアムへの直行便というのは、少し意外な気がする人もいるかもしれない。僕自身、利用するときまで、そのような便があるのを知らなかったぐらいだ。しかし、グアムと沖縄には共通点がある。それが、広大な米軍基地の存在だ。ベトナム戦争時には、アメリカ本土からグアム、そしてグアムから沖縄へ爆撃機が移動してきた（池澤夏樹さんの『カデナ』という小説は、ベトナム戦争やマリアナ諸島と沖縄の関係を複合的に描いた心に残る作品だ）。

グアムと沖縄（ついでにいうと、マーシャルやハワイも）は米軍でつながっているのだ。沖縄から飛行機に乗れば、グアムは驚くほどの近距離にあって、わずか三時間で到着してしまう（現在、直行便は飛んでいないので、関西空港か福岡空港経由で行く必要がある）。このグアムは独立国ではなく、アメリカ領だ。グアムは沖縄の米軍基地を除けば、沖縄からいちばん近くに位置するアメリカなわけだ。

旅行会社にチケットの手配をたのんだら、宿泊先は大きなリゾートホテルが予約されていた。宿泊客は日本人ばかり。ホテルにいる限りは、グアムかどこだかわからない。さっそく車を借りて、島をぐるぐると回ってみることにした。

グアムの中でも、観光客でにぎわっているのは、日系のホテルが立ち並ぶタモン地区に限られている。あとは、小さな集落や、山があるばかりだ。実際にグアムを回っていると、なんだか沖縄島に似たところがあると思えてくる。

沖縄島の南部は、隆起した石灰岩が広がり、全体的には平たんで、そこには石灰岩地を好む木々の森と、耕作地や人家が広がっている。北部は山地が広がり、そこにはシイなど本土の南部でもよく見られる照葉樹が森を作っている。グアムの場合、北部に隆起石灰岩のやや平たい地形が広がっており、南部には山がちの地形が広がっているので、ちょうど沖縄島をひっくり返した感じだ。

ところが、車を走らせ、南部に広がる山を見て、驚いてしまう。ほとんど、森が残っていないのだ。

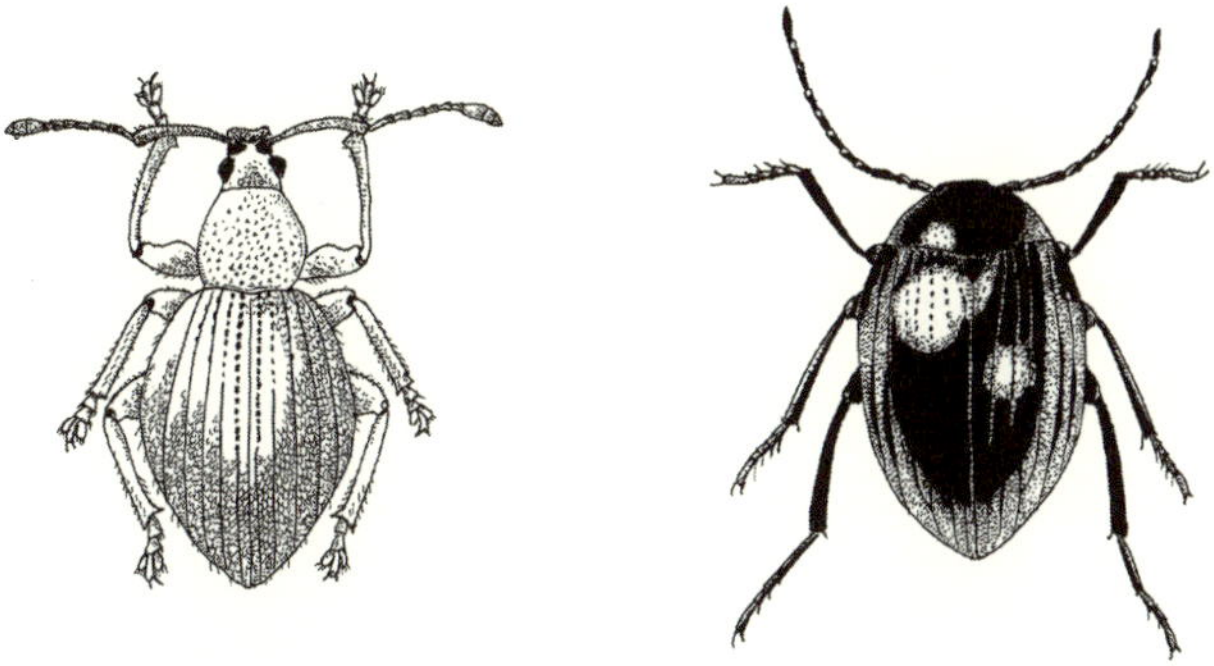

グアムで見つけた虫。左はゾウムシの１種（6mm）。右はゴミムシダマシの１種（4mm）

谷沿いにはわずかに森はあるのだが、尾根を中心とした広い斜面は、一面の草原が広がっている。ハワイのように、移入された植物で覆われた森にも驚かされたが、山はあるのに見渡す限りが草原になっているグアムにも驚かされた。これは、最近のことかと思い調べてみると、もともと米作り（グアムの米作りは田んぼではなくて、畑で作る陸稲だった）のために森を切り開いて火をつけたり、山に放した移入のシカを狩るために、草原に火をつけたりしたため、森が消えてしまったということらしい。すでに第二次世界大戦前から、このような風景が出現していることを資料で知った。

　グアムに行ったら、観光客であふれるビーチではなく、森の中で虫を探そうと思っていたのだが、森自体が消えていたというわけ。これは、行ってみるまで、思ってもいないことだった。

　それでも、テントウムシは見つかった。まず、見つかったのは、ホテルの庭の果樹園で見つけたダイダイテントウ（口絵7）。沖縄のS公園でも見た虫だし、マーシャルからも報告のある虫だ。

続いて、第二次世界大戦の戦跡公園に行ってみることにした。

グアムは一五二一年、かの、マゼランが世界一周のときに「発見」したと言われる島だ。その後、グアムはスペインが植民地とした。その後、一八九八年になり、米西戦争（アメリカとスペインの戦争）の結果、グアムはアメリカ領に取られてしまう。当時、スペイン領であったフィリピンもアメリカ領へ編入されることになるのだが、これによって、グアムはアメリカ本土からフィリピンへの航路の途上にあたる重要な中継地と位置付けられた。

ちなみに、マリアナ諸島のサイパンやテニアンも、当時はスペイン領だったものの、米西戦争後、サイパンやテニアンはスペインからドイツに売り払われてしまうことになり、グアムとは別の歴史を歩むことになる。

先に少し書いたように、サイパンやテニアンは、やがてドイツ領から日本領へとなるわけだが、グアムだけはアメリカ領だった。そのため、第二次世界大戦で日本とアメリカが開戦した際、日本領のサイパンに近いグアムは、日本軍にとって、脅威の的となった。そこで、一九四一年一二月八日の真珠湾攻撃のわずか五時間後、日本軍はグアムに攻撃をしかけ、三日後にはすっかり占領してしまう。その後、第二次世界大戦の末期、一九四四年までグアムは日本領だった。

アメリカの有人領土で日本の占領下にあったのは、このグアムだけだ。やがて、日本軍より優勢にたったアメリカ軍はグアムに上陸し、再占領に成功する。このときの最後の激戦地の跡が、現在、平和公園として残されている場所だ。

もっとも二万人の日本人守備隊のうち、司令官の死によって組織的な抵抗が終了したときまでに戦死したのは一万人と言われている。残りの日本兵は、その後も三々五々の抵抗を続け死に至り、または潜伏、降伏等の道を選ばざるを得なくなった。その最後の一人こそ、二八年間も〝ジャングル〟(先に書いたように南部の山はほとんど草原だったので、川沿いのわずかな森)に隠れ住んでいた横井庄一さんだ。

さて、記念碑におまいりして、周囲を見渡す。沖縄の海岸でも普通に見られるオオハマボウが、たくさん生えている。そのオオハマボウの葉にテントウムシがいた。オーストラリア原産で、沖縄にも最近入ってきた、カタボシテントウだ。

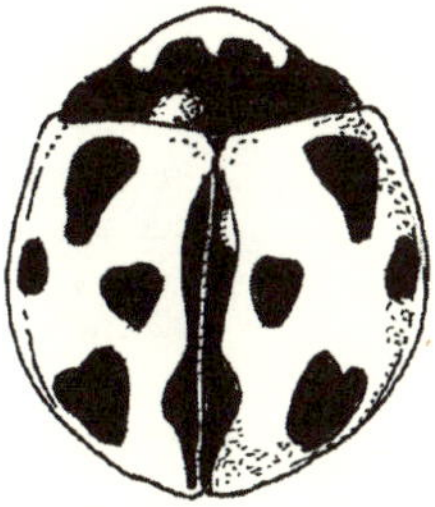

グアムで見つけた
カタボシテントウ
(4.3mm)

グアム最後の日、観光客でにぎわうタモンの繁華街も歩いてみた。すれ違うのは日本人ばかりだし、お店の看板にも日本語がめだつ。さりげなくよってきた米国人が、「実弾射撃しない?」と日本語で声をかけてくる。ここはどこ? いったい、周りのみんなは何をしに来ているの? と思ってしまう。

僕はその繁華街で、お土産物屋ではなくて、道脇のココヤシの葉裏を覗き込み続けた。小さなテントウムシが見つかった。種名はわからないが、体長が二ミリにもならないヒメテントウの仲間が二種類見つかる。

こうして、グアムでのテントウムシ探しの旅は終わった。

テントウムシの目で見るグアム

帰沖後、グアムのテントウムシについて書かれた報告を探してみる。一九二六年に、グアムに、ハワイからのベダリアテントウが放されたという記録が見つかった。ベダリアテントウのターゲットとなったイセリアカイガラムシに対してはすぐに効果があがり、餌をほとんど食べつくしたベダリアテントウも一九四五年までは記録があるものの、その後見つかっていないと書かれている。

一方、イセリアカイガラムシのほうはその後も少し生き残ったが、その生き残ったイセリアカイガラムシの捕食者となっているのが、ダイダイテントウであるそう。ダイダイテントウ移入のいきさつが、ちょっと面白いので紹介しよう。ダイダイテントウは、第二次世界大戦前のことになるが、サイパンにベダリアテントウと間違われて持ち込まれたそうなのだ。

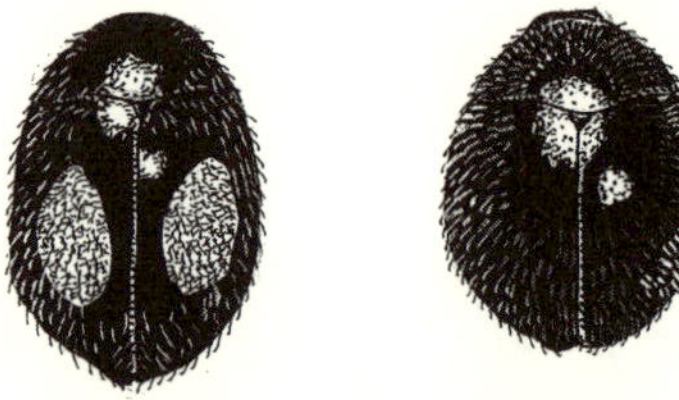

（1.4mm）　（1.9mm）

グアムで見つけたヒメテントウ類

グアムを含んだマリアナの島々も、人々による自然の改変とともに、いろいろな虫たちが運び込まれている。グアムでは、アブラムシやカイガラムシをやっつけるために放されたテントウムシのうち、棲みついたのが六種、棲みつくことができなかったのが四種、棲みついているかどうかがはっきりしていないものが三種いると報告にある。僕が繁華街で見たヒメテントウの名前は調べられなかったけれども、やはり持ち込まれて棲みついたテントウムシかもしれない。

結局、グアムでは四一種の害虫対策のために一〇三種の昆虫、二種の捕食性のダニ、三種のカタツムリ、一種のセンチュウ、四種の脊椎動物がわざと持ち込まれたとある。そして、昆虫の場合、導入された一〇三種のうち、三四種がグアムに棲みつく結果になった。

島に移入されたのは、害虫の天敵だけではない。ナンヨウオオガシラというヘビは、おそらく米軍の荷物に紛れてグアムに移入されてしまったものだ。このヘビのために、グアム固有の飛べない鳥、グアムクイナは野生からは姿を消してしまった。

グアム南部の山々は、火入れのために、森が消え、草原になってしまっているところが多かったのはすでに書いたとおりだ。そんなグアムでも、北部の石灰岩地には、まだ在来の木々が生える森が残されている。その森が、グアムクイナの最後の野棲息地だった。ただし、現在見ることができるのは、その森の中に建てられた、グアムクイナの写真パネルのみだ。

観光客でにぎわうグアムには、こうした「歴史」と「今」がある。僕はテントウムシを追いかける中で、初めてそうした眼をグアムに向けることができた。

「匿名の楽園」

グアムの歴史と、そのグアムがどうして現在のように日本人観光客のあふれる島になったのかについて大変わかりやすく書かれた本に、山口誠さんの『グアムと日本人　戦争を埋立てた楽園』がある。第二次世界大戦の激戦地であるグアムは、戦後、米軍の拠点として、一時、米国人にとっても立ち入り禁止の島となっていた。そのグアムは一九六〇年代以降、観光化されていくようになる。そのとき、日本人が観光地としてのグアムに求めたのは、「固有の名前と歴史を持つ米領グアムではなく、〝青い海、白い砂〟を持つ匿名の楽園だったのだ」とこの本では指摘されている。

同様の「匿名の楽園」への志向は、ハワイにおいても見ることができる。具体的な例をひとつあげよう。ハワイというと何よりワイキキビーチが有名だ。このワイキキビーチの砂は白い。が、これは本来のハワイの砂浜の色ではない。火山島であるハワイでは、海岸の砂は溶岩が砕けたものであり、色は黒っぽいのだ。僕自身、ハワイに行ってからそのことを知ったのだが、ワイキキビーチの砂は、アメリカ本土から持ち込まれた白い砂を敷き詰めた人工ビーチなのだ。人々の中にある楽園（夢の島）のイメージによって、ハワイの観光地が形作られている。

「観光」というのは本来、その土地の固有の歴史・文化・自然を求めるものだったはずだ。しかし、グアムや、ハワイの例は、どうもそうした本来の観光からずれている。そこに見られるのは、「匿名の楽園」への志向だ。それは観光〝産業〟によって、意図的に作り出されたものだろう。その作られたイメージによって、多くの人が、グアムやハワイを目指している。

しかし、匿名というのは、言い換えれば「どこでもいい」ということだ。グアムやハワイでなくても、青い海があって、白い砂があって、高級ホテルや免税店や娯楽街があって……という場所なら、どこでもいいわけだ。ところで、「どこでもいいもの」を求める人はまた、「誰でもいい人」にはならないだろうか。「どこでもいいもの」を求めているのは、イメージを付与された「みんな」なわけだから、代わりはたくさんいるわけではなかろうか。観光産業からしたら、あなたでなくても、誰かが来てくれれば、それはそれでかまわない。「どこでもいいもの」を求めることは、結局のところ、どこかで、「誰でもいい」と思われる自分を作り出すことに、自分で加担していると言えるのではないだろうか。

こうした傾向が見られるのは、何も観光に限った話ではない。教育の中でも、「誰でもいい人」を作る方向への転換が静かに進行しているような気がする。「誰でもいい人」の量産は、グローバル化された消費社会において、売る側にとっては大変便利だから。

しかし、人間、土地、歴史、自然は本来、それぞれにほかとは取り換えがきかないものであるはずだ。生き物を見ることは、限りない固有性に目を向けることだと僕は思う。僕が世界にある限りの島を訪れてみたいと思うのも、島というのは本来、すべて固有性を伴っているものだからだ。

日本最西端の島へ

「他の県に、電車や車で行けるのが、実感としてわからない」

那覇にある僕の大学の学生が、そんなことを言う。なるほど。確かにそうだ。県外どころか、同じ県内にある石垣島や宮古島に行くのだって海を渡らないと行けないわけだから。でも、これも考えようだ。沖縄に暮らすことは、島暮らしをするのと同時に、ほかの島を訪れる機会が多くなると考えることもできる。東京に行くのだって、沖縄島から本州という別の島に渡っているわけであるし。沖縄島に住んでいる僕が一年間に何回海を渡ったのかを見返してみることにした。飛行機に乗ったのが総計六八回。船に乗ったのが総計七回。その一年間で行った島は、本州（二一回）、九州（二回）、屋久島、奄美大島、久米島（二回）、渡名喜島、石垣島（五回）、西表島（二回）、与那国島、南大東島、北大東島、グアム島の一二島だった。

朝七時四五分発の直行便に乗って那覇空港を飛び立つと、九時二〇分に日本最西端にある与那国島空港に降り立つことができる。

三〇年以上、島に住み続けている友人のユキさんの家をたずね、いっしょに島の生き物を見て回る。黒潮が洗う与那国島の海岸は、琉球列島よりもさらに南の島々から流れ寄る種子たちが頻繁に打ちあがる。ユキさんは島でカレー屋を営みながら、こうした漂着種子をこつこつと拾い集めている。ユキさんのタネコレクションは、何度見ても驚きで、まったく初めて見る種類がいくつも含まれている。この日もさっそくいっしょになって海岸でのタネ探しを試みた。そして夕方、もう一人の知り合いである島在住の虫屋、ミノル君のあっせんで、与那国島の自然の話を島の人たちにすることになった。

与那国島の人に与那国の自然の話を？

最初にその話を頼まれたときは断ろうと思った。

与那国島はなかなか遠い。そう何度も訪れたことがあるわけではなかった。だから住んでいる人に話すことなんて、とてもじゃないけど……と。でも、与那国島が唯一の世界であることを、与那国島に住んでいない者が発信することは可能かもしれないと思い直した。以前、知り合いの与那国島出身のおばあさんから聞いた島の植物利用のいろいろな話や、以前行ったときに見つけた、与那国島にしかいない虫たちの写真、そんなものをおりまぜて、琉球列島の中でも与那国にしか見られない文化や自然があるという話をすることにした。

会場となったのは、祖納《そない》集落にある、古い民家だった。住み手のいなくなった民家を改装し、さまざまなイベントに利用する試みが始まっているのだ。つたない話を始めるまでの間、緊張をおさめるために、その民家の庭をうろついた。ハマヒサカキの木が何本も植えられていて、その木にダンダラテントウがいるのが目に入る。ちょうどアブラムシの発生期にあたっていたようだ。しばし、講演のことは忘れてテントウムシ探しに夢中になる。

ダンダラテントウは沖縄ではもっとも普通種だ。このダンダラテントウは本土にも分布しているテントウムシなわけだが、たとえば東京の夢の島と沖縄島とでは、斑紋に大きな違いがあることはすでに少し書いた。夢の島で見つかるダンダラテントウは、ほとんど真っ黒で、肩のあたりに三日月型の赤いホシがあるかというタイプがほとんどで、加えてもう二つ赤いホシがあるナミテントウの四紋型に近い斑紋のものが少数見つかる。

一方、沖縄島のダンダラテントウは、赤い地に黒く米の字模様といったものだった。ところが、さらによく見ていくと、同じ琉球列島でも、島によって、ダンダラテントウの斑紋は異なっているのに気づく。だから与那国島の民家でダンダラテントウが発生しているのに気づいて嬉しくなったのだ。与那国島のダンダラテントウはどんな模様が多いのだろう？　と。

与那国島で見つけたダンダラテントウは、半分ほどが沖縄島同様、米の字タイプの模様をしていた。しかし、もう半分は米の字の下のふたつの「ちょん」がなくなって、たとえると、ハロウィンのお化けカボチャの顔のように見える模様のタイプ（カボチャタイプとしよう）だった。ちなみに、石垣島の海岸で見つけたダンダラテントウは、すべてカボチャタイプばかりだったので、与那国島と石垣島でもダンダラテントウの模様には少し違いがあるように思える。「与那国島は唯一の世界……」という話をしようと思ったその場所で、まさにその固有の世界を垣間見る思いがする。

話が十分なものだったかは、わからない。

ユキさんが夕食をごちそうしてくれた。

カジキの目ん玉の醤油煮だ。黒潮洗うこの島は、カジキの漁獲でも有名なのだ。とてつもなく、おいしい。泡盛もしっかりいただく。そのひととき。やはり、与那国島はどこことも取り替えのきかない世界であるとの思いを積む。

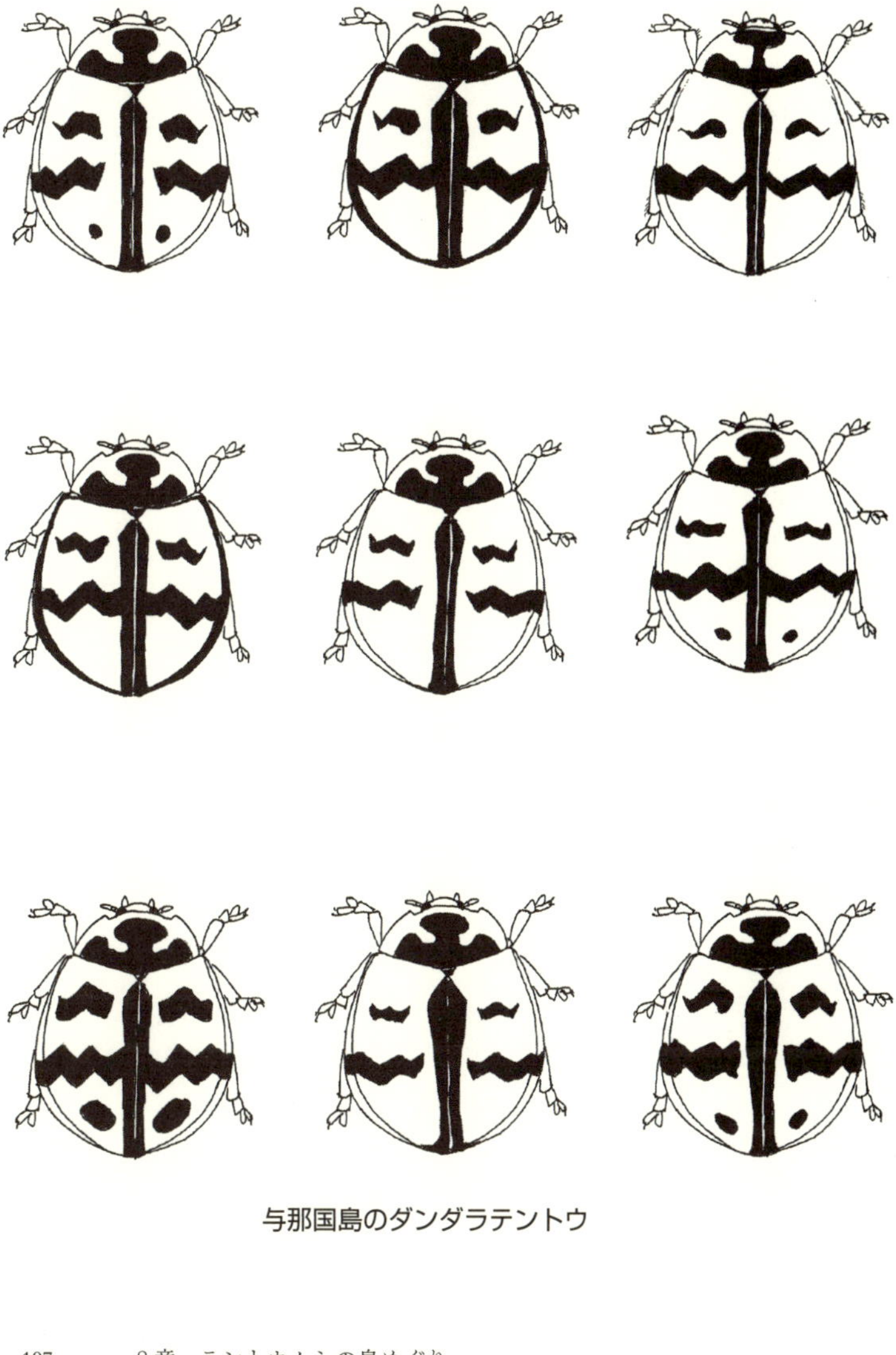

与那国島のダンダラテントウ

奄美大島へ

沖縄島から奄美大島へは、日に一便だけ飛行機が飛んでいる。一時間ほどのフライトだ。

ここ何年か、毎年、大学時代の友人たちと奄美大島の植物調査をしている。島の自然を案内してくれるのは、やはり大阪から移住して何十年となる、島で造園業を営むマエダさんだ。絶えずパイプをくゆらすマエダさんは島の虫と植物にめちゃめちゃ詳しい。奄美大島の森は、沖縄島のヤンバルの森よりも深い。マエダさんと知り合わなければ、そうした深い森の奥へは入っていくことはできなかったろうと思う。森に分け入り、夜はマエダさんと、島ならではの黒糖焼酎を酌み交わす毎日。一年のうちでも、特別楽しみな日々だ。

奄美大島の森には、アマミノクロウサギをはじめとした、固有の生き物たちが数多く棲んでいる。ただし、テントウムシはこうした深い森ではあまり見かけない。そのため奄美大島でのテントウムシ探しは、森での調査が終わり、沖縄に戻る前日に、名瀬《なぜ》の街中で宿泊する日の課題だ。

名瀬は、那覇と違って、海と山にはさまれたこじんまりした街だ。その街中をぶらぶらと歩いて、怪しまれないように注意しながら、庭木を見て回る。ちょうどテントウムシの発生している時期だといいのだけれど。

しばらく歩き回っているうちに、とある駐車場脇のサルスベリの木に、ダンダラテントウが何匹も来ていた。奄美大島のダンダラテントウは、赤地に黒の米の字ではなく、赤地に黒い十字模様……ただし、太目の十字模様が入っているものだった。与那国島とも沖縄島とも異なった模様のパターンだ。

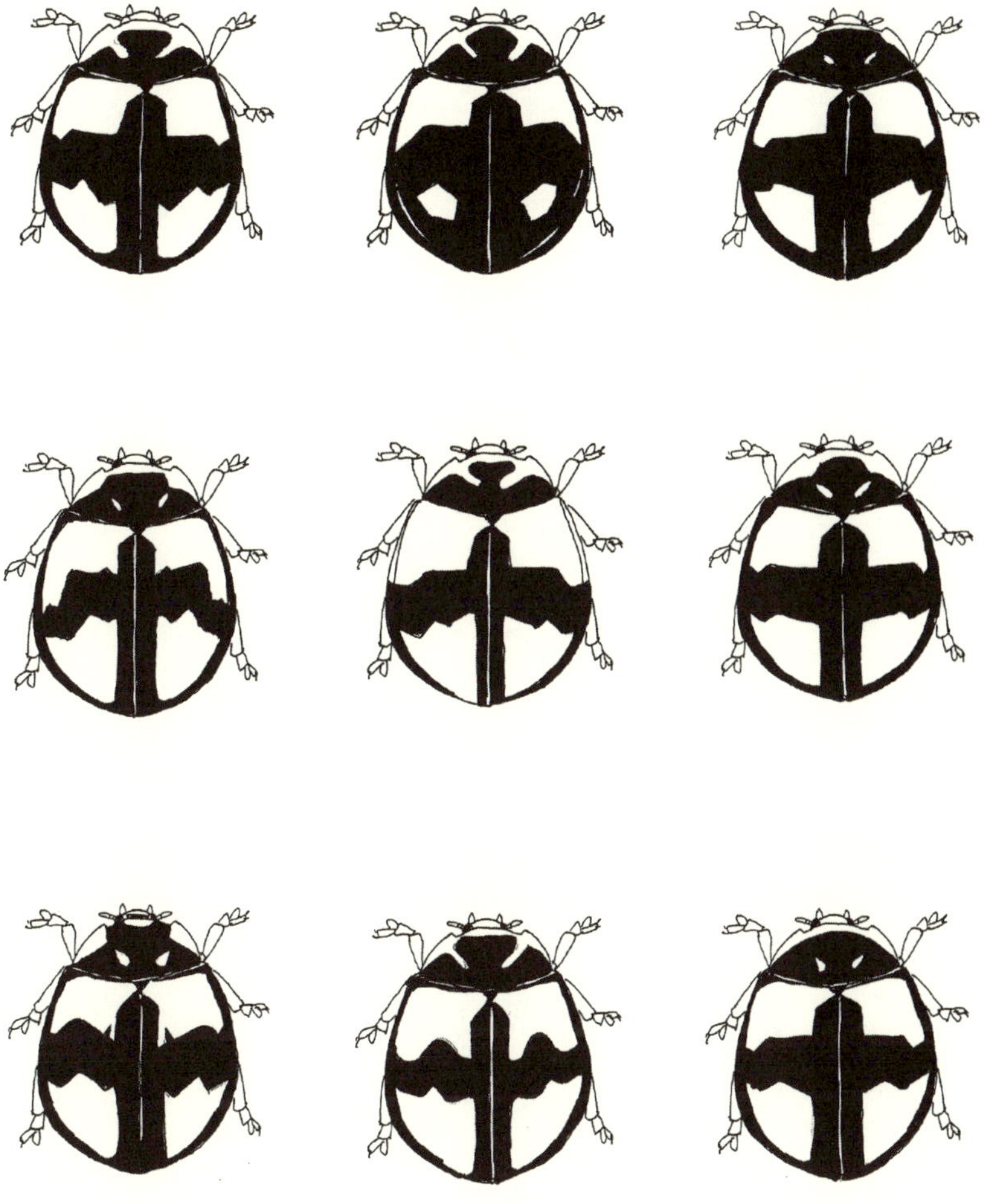

奄美大島のダンダラテントウ

こんなふうに、奄美大島にも奄美大島固有の世界がそこにある。来年もまた、その世界に触れに行かなくては。

屋久島へ

初めて屋久島に行ったのは、僕が大学三年の夏のことだった。屋久杉を研究テーマに選んだ先輩の調査の手伝いだった。

千葉の大学に通っていたその頃、屋久島はひどく遠くにある南の島に思えた。沖縄島に住みつくようになって、屋久島は本土の手前にある北の島と思うようになってしまう。実際、屋久島を年に一度は訪れていて、森を見るたびに「なつかしい」気がする。たとえば屋久島と言えば屋久杉が有名だけれど、沖縄島ではスギなんて目にしないからだ（まったくないわけではない）。ゼミ生と関西旅行をした際、お寺をめぐって、「あれがスギの木だよ」と教えたら、「これがスギの木ですか」と学生が言って写真を撮っていたぐらいだ（同行してくれた、関西のコケ屋さんが驚嘆していた）。

那覇空港から一度、鹿児島空港へと飛び、そこから再度、屋久島空港行きの飛行機に乗り換える。乗り換えの時間も含めると、なんだかんだで屋久島に着くのは午後の三時ぐらいになってしまう。

今回の屋久島行きの主な目的は、「照葉樹林シンポジウム」での発表だ。シンポジウムのうちあげでは、カメノテの煮つけやら、ヤクシカ肉のカレーやらのご当地メニューがふるまわれた。もちろん、

屋久島のダンダラテントウ

お酒は芋焼酎だ。宴会が終わると、歩いてヤマシタさんの家に向かう。

島に在住の写真家であるヤマシタさんにとって島の森こそ本当の住居だ。だから屋久島に行くたび、僕はヤマシタさんとともに森の中を歩かせてもらっている。屋久島の森も、何度行っても見切ることはないほど深い。

屋久島も深い森の中ではテントウムシを見ることはない。森の出入りの合間に、しばしテントウムシを探す。

宮之浦のとある民宿の庭先にカラムシが生えていた。そのカラムシにたくさんのダンダラテントウ（口絵4）が来ている。捕まえて並べてみると、屋久島のダンダラテントウは奄美大島のものより十字が太いとも言えるし、黒い地に四つの大きな赤いホシがあるとも言える模様だ。

こうして各地のダンダラテントウを並べて見ると、夢の島のダンダラテントウの模様から、与那国島のカボチャタイプの模様まで連続して変化していくのがわかる。北へ行くほど黒っぽい部分が多く、南へ行くほど赤っぽい部分が多いわけだ。

屋久島では、もうひとつ確かめたいことがあった。

ナミテントウの謎

沖縄島にはナミテントウがいない。では、琉球列島のどこから、ナミテントウ（口絵2）がいないのだろうか？　テントウムシの分布について調べてみると、屋久島は分布地としてその名が載っていない。屋久島にもナミテントウがいないの？　九州本土からそれほど遠く離れていないのに？　植物を見ると本土的なのに？　本当？　それまで屋久島には何度も出かけていたけれど、ナミテントウがいるかどうかなんて、気をつけてこなかった。

テントウムシは、時期をはずすと見つけるのが難しい。だから見つからなかったと言っても、本当にいないと言いきるのはなかなか難しい。それでも、まず、探してみることにしよう。ちょうど、マテバシイの花の時期だった。埼玉にいたころ、マテバシイの花にナミテントウが来ていたのを見たことがある。そこで、ヤマシタさんに頼んで、マテバシイの花が咲いているところまで案内してもらうことにした。マテバシイの花に網をかぶせて、ゆすり、集まってきている虫を探す。最初のうちはコハナバチやアシナガハナムグリばかりが網に入る。と、ようやくテントウムシが。ナミテントウ？すぐにはわからなかった。沖縄に戻ってきちんと見てみる。どうやらナミテントウではなくてクリサキテントウだ。すると、屋久島にはナミテントウはいないということになるだろうか。

屋久島固有の世界を見切るには、まだ時間がかかりそうだ。あらためて、そう思わされた。

屋久島でナミテントウを探したことで、また考えた。隣の島、種子島《たねがしま》にはナミテントウはいるのだろうか、いないのだろうか？　もっと鹿児島本土に近い島々にはナミテントウはいるのだろうか？　今後、屋久島にナミテントウが入ることはないのだろうか？　気になることは次々に出てくる。

テントウムシの島めぐりは終わらない。

エピローグ　足元の虫

大阪へ。

大阪へ飛んだのは、日本では大阪でしか見ることができないテントウムシを探すためだ。

ヨーロッパ原産のフタモンテントウ（口絵6）は、移入されたナミテントウとの勢力争いに負け、ヨーロッパ各地で減少していると報告されている。

一方、ナミテントウが在来種として見られる日本の中でも、大阪だけに、ヨーロッパ原産のフタモンテントウが棲息している。外来種というと、これまで本書で見てきたように、急速に広がり在来の虫たちを被圧する例が少なくないのだけれど、フタモンテントウは一九九三年に大阪の湾岸地域で見つかったが、その後、各地へは広がりを見せず、あいかわらず大阪の湾岸地域のみに限定されているテントウムシだ。

そもそも、ヨーロッパではナミテントウに押されて数が減少しているテントウムシのくせに、ナミテントウの本場に入り込んできたのにもかかわらず、なんとか子孫を残し続けているのが興味深い。そこでフタモンテントウを見に行きたいと思ったものの、最初に大阪にフタモンテントウ探しに出かけた際は、すでにフタモンテントウの発生期が終了したあとで、影も形も見ることがなかった。そこで、今回は季節を報告されているフタモンテントウの発生期と合わせる（それでも時期が若干、早すぎたとは思えたのだが、大阪に出かける機会がそのときしか作れなかった）とともに、大阪在住の虫屋さんに助力をお願いすることにした。

沖縄に移住して一四年目の五月。ゴールデン・ウィークの真っ最中。僕は那覇空港から関西空港へと飛ぶことにした。

大阪環状線の森ノ宮駅から地下鉄で四〇分ほど。住之江《すみのえ》公園駅に着く。地上に出てすぐの護国神社の鳥居前には、すでに数人の怪しい人影がかたまっていた。

チームリーダーはイチカワさん。アセスメントの調査会社に勤める、昆虫ハカセの一人だ。それもゴキブリだの、なんだのと、人のあまり顧みない虫に「めっちゃ」詳しい。スギモト君の評では「昆虫界のサブカルチャー通」ということになる。もう一人の主要メンバーが大阪市立自然史博物館のシヤケさん。以前、チュウジョウテントウの鑑定をしてくれたのがシヤケさんだ。シヤケさんもまた、甲虫の中で一般的に人気の高いカミキリムシとかではなく、カツオブシムシだのテントウムシに興味を抱く、ちょっと変わった甲虫屋さんである。

「なんだかプロジェクトUみたいだな」

イチカワさんが、そんなことを言う。

なんですか、そのプロジェクトUって？　と、聞き返した。Uはアーバン（都市）のU。つまりは街中にどんな生き物が棲んでいるのかを調べる大阪市立自然史博物館のプロジェクトなのだとか。ここにも、街中の虫に興味を持って調べている一団がいた。

「フタモンテントウは一九九〇年代に見つかって、去年はこれから行く住之江公園で越冬しているところが見つかったというものです。調査には一〇人以上が参加して、トウカエデの樹皮の下とかから、一〇頭以上が見つかっています。あと、大阪の南港口でほかの虫を探していたときに、トベラの葉でフタモンテントウが見つかりました。これは六月中旬のことです。でも、その日はその一匹だけ。ほかにはまったく見つかりませんでした。それから南港の公園にもフタモンテントウ探しに二、三回行きましたが、見つかりませんでした」

イチカワさんが、とうとうと、フタモンテントウについての解説をしてくれた。そうなのか……。大阪の湾岸地域に行けば、あっさり見つかるものだと思っていたけれど、どうもそうでもないらしい。メンバーが集結したのをみはからって、神社の隣にある公園に出かける。休日、天気がいいこともあって、公園は人々でにぎわっていた。公園の周囲はマンションが立ち並ぶ、本当に街中にある公園だ。公園は中央部には広場があり遊具や砂場が設置されているものの、その周囲にはわりとしっかりと木々が植えられている。

「アブラムシの名前は早口言葉になりますね。ナシミドリオオアブラムシとか、フウにつく外来のアブラムシのフウナガマダラオオアブラムシとか」

イチカワさんはことあるごとに、そんなことを口走っている。かなり異世界の住人だ。しかし、テントウムシの餌であるアブラムシにまで詳しいのは、心強いことこの上もない。

マツがある。マツといえば、クリサキテントウ（口絵3）が気になるが……。イチカワさん曰く、

「大阪市内にはクリサキテントウいるかなぁ……。ムツキボシテントウ（口絵7）ならいるけど」

してみると、夢の島のマツでクリサキテントウが見られるのは、結構貴重なことかもしれない。

トベラの植え込みをじろじろと眺めていて、ナミテントウの幼虫を発見した。

「トベラにはトベラの樹液を吸う、トベラキジラミが発生しますが、こうした虫が発生すると、よ

うやくそのあとで捕食性のテントウムシが発生できます。そうそう、トベラキジラミには最近新しい種類が見つかったんですよ」

やっぱりイチカワさん、異様に虫に詳しい。

すると、トベラの葉の上に、ナミテントウの幼虫とは斑紋の違う幼虫がいることに気がついた。全体的に暗色で、背にポツポツと明色部が三点あるのが特徴だ。シヤケさんと顔をつきあわせる。ナミテントウの幼虫ではなさそうだ。どうやら、めざすフタモンテントウの幼虫（口絵6）ではないか……と。さらにサナギ（口絵6）も見つかる。これもいままでにスケッチをしたことがない模様をしたサナギだ。なんだか興奮してきた。街中の公園の虫捕りで興奮できるとは……。

しばらくして、とうとう一行の一人がフタモンテントウの成虫を見つけ出した。体長は六ミリ。一見するとナミテントウに見えてしまうが、背は赤地に小さめの黒いホシが二つだけ。こんな模様のナミテントウはいない。フタモンテントウがこの公園に棲息していることを、これで確信できる。

シヤケさんが植え込みの上に枝葉を広げるトウカエデを棒でたたいてビーティングをする。と、木の下に広げた白い布の上に、フタモンテントウの幼虫が七匹にナミテントウの幼虫（口絵9）が一匹這い回っていた。いる、いる。結構、いる。イチカワさんは、「一日、徒労に終わるかと思っていたけれど、目標達成ですね」と言う。イチカワさんにしても必ずしもフタモンテントウを見つけ出せる保障はなかったのだ。

今のところフタモンテントウは、大阪の中でもピンポイントでしか見つからないし、年によっても、見つかる場所が移り変わったりする。今回フタモンテントウの姿を見ることができたのは、何より大阪の街中の虫たちの動向を見続けているイチカワさんとシヤケさんが協力してくれたからだ。今回、五月初旬の住之江公園での観察結果では、ナミテントウよりもフタモンテントウのほうが、成長が進んでいる個体が多いように思えた。フタモンテントウは、一年に一回、ナミテントウに先駆けて発生する。つまりはナミテントウと発生期をずらすことで、ぎりぎりナミテントウとの共存を可能にしているようだ。

ついでにダンダラテントウの成虫（口絵４）も見つかる。大阪のダンダラテントウは、東京や那覇では見かけない斑紋のタイプをしていたので、最初はなんというテントウムシかわからなかった。けれども、よくよく見れば、体型やサイズ、触角の形はダンダラテントウだ。本当に、ところ変われば街中のテントウムシだっていろいろだ……。

一般に不人気な虫であるゴキブリも、昆虫の研究者の一部からは熱い視線を浴びている。九州南端から台湾にかけてクチキゴキブリと呼ばれるゴキブリたちが棲みついている。このゴキブリは、ふだん、倒木の中に棲みついていて、決して人家の中に入るようなことはない。また、翅はあるものの、体が重くそれほど長距離を移動できないことと、翅を使った移動期も限られている。そのため、島ごとのクチキゴキブリ類の遺伝子の変異を調べることから、琉球列島の島の成り立ちが推定できるのではないかと考えられるのだ。

一方テントウムシは、移動性が高い。そのため島ごとの変異などを解析するには適した虫とは言えない。しかし、テントウムシは、一般の人にも簡単に識別ができ、街の中でも容易に見つけられる虫だ。また、テントウムシなら、嫌悪感を持つ人もあまりいない。さらに、人とのかかわりが深く、あちこちへと意識的な導入も試みられている虫でもある。そのため、テントウムシは、その土地の自然の固有性に気づくきっかけを与えてくれる虫としてとらえるといいのではないか。そんなふうに思う。テントウムシだってゴキブリだって、それぞれに足元の自然を照らす鏡だ。

みなさんも、今、住まわれているところにどんなテントウムシがいるか、気にしてみてはどうだろう。また、もし、島へ旅をすることがあったなら、旅先で見かけるテントウムシたちに目を向けてみたらどうだろう。

なぜ、そのテントウムシがそこにいて、なぜ別のテントウムシはそこにいないのか。

そのわけは、そこがどこであれ、そこが世界で特別だから。

そう思えれば、世界は果てなく広い。

Adriaens T. *et al.* 2008 Invasion history, habitat preferences and phenology of the invasion ladybird *Harmonia axyridis* in Belgium. *Bio Contral* 53 : 69-88

Brown P.M.J. et al. 2011 The global spread of *Harmonia axyridis* (Coleoptera: Coccinellidae) : distribution, dispersal and routes of invasion. *Bio Contral.* 56:623-641

Chapin E.A. 1965 Insect of Micronesia Coleoptera:Coccinellidae. *Insects of Micronesia* 16 (5) : 1-60

Grimaldi D. and Engel M.S. 2005 Evolution of the insects. Cambridge University Press.

Howarth F.G. and Mull W.P. 1992 Hawaian insects and their kin. University of Hawaii Press.

Lo P.L. 2000 Species and abundance of ladybirds (Coleoptela:Coccinellidae) on citrus orchards in Northland, New Zealand, and a comparison of visual and manual methods of assessment. *New Zealand Entomologist* 23 : 61-65

Parkinson B. 2007 A Photographic Guide to Insects of New Zealand. New Holland Publishers.

Natus D. and Shereiner I. 1989 Biological control activities in the Mariana Island from 1911 to 1988. *Migronesica* 22 (1) : 65-106

参考文献

大塚柳太郎編 1995『モンゴロイドの地球 (2) 南太平洋との出会い』東京大学出版会
沖縄県立博物館 1996『沖縄の帰化動物』
沖縄市郷土博物館 2008『第 37 回企画展　竹と人』
小野蘭山 1991『本草綱目啓蒙 3』平凡社　東洋文庫 540
片倉晴雄 1988『日本の昆虫⑩ オオニジュウヤホシテントウ』文一総合出版
高士賢 1993『動物薬用的妙法』渡假出版社有限公司
小西正泰 1993『虫の博物誌』朝日新聞社
佐々治寛之 1998『テントウムシの自然史』東京大学出版会
清水善和 1998『ハワイの自然』古今書院
ジャレド・ダイアモンド 2005『文明崩壊 上』草思社
杉浦清彦･高田肇 1998「ダンダラテントウの被食者としての7種アブラムシの適性」『日本応用動物昆虫学会誌』42 (1)：7-14
高田肇・杉本直子 1994「キョウチクトウアブラムシの京都における生活環およびその天敵昆虫群構成」『日本応用動物昆虫学会誌』38 (2)：91-99
チャールズ・S・エルトン 1988『侵略の生態学』新思索社
寺島良安 1987『和漢三才図絵 7』平凡社 東洋文庫 471
東京都清掃局編 2000『東京都清掃事業百年史』東京都環境整備公社
中原聖乃･竹峰誠一郎 2007『マーシャル諸島ハンドブック 小さな島々の文化･歴史･政治』凱風社
日本環境動物昆虫学会・生物保護とアセスメント手法研究部会編 2009『テントウムシの調べ方』文教出版
日本林業技術協会編 1991『森の虫の 100 不思議』東京書籍
林長閑 1987『ヒトと甲虫』法政大学出版局
平嶋義宏 2007「ハワイの昆虫、その驚異的な進化 (1) イントロダクション」『月刊むし』440：30-34
平嶋義宏 2008「ハワイの昆虫、その驚異的な進化 (6) 肉食性の蛾と陸産の巻貝」『月刊むし』449：23-26
平嶋義宏 2008「ハワイの昆虫、その驚異的な進化 (9)　洞窟の昆虫」『月刊むし』454：38-42
ベルヌ，Ｊ．1968『二年間の休暇』福音館書店
前川清人 2000「台湾・琉球列島に分布する食材性オオゴキブリ類の分子系統と生物地理」『昆虫と自然』35 (10)：21-25
丸山宗利・大野豪 2011「沖縄県におけるカタボシテントウの記録」『昆蟲 (ニューシリーズ)』14 (2)：112-115
森本信生 1998「外来昆虫の現状と対策」『遺伝』52 (5)：23-27
安松京三 1965『昆虫と人生』新思潮社
山口誠 2007『グアムと日本人　戦争を埋立てた楽園』岩波書店
山本真鳥編 2000『新版世界各国史 27　オセアニア史』山川出版社
リッチ，Ｃ．Ｉ．1980『虫たちの歩んだ歴史 人間と昆虫の物語』共立出版
渡辺武雄 1982『薬用昆虫の文化誌』東書書籍

索引

＊イラスト掲載頁

著者
盛口 満（もりぐち みつる）
愛称は「ゲッチョ先生」。1962年千葉県生まれ。千葉大学理学部生物学科卒業。自由の森学園中・高等学校の理科教員を経て、沖縄大学人文学部こども文化学科教授。著書に『教えてゲッチョ先生！昆虫の？が！になる本』『ゲッチョ先生の卵探検記』（共に山と渓谷社）、『僕らが死体を拾うわけ』（ちくま文庫）、『シダの扉』（八坂書房）、『生き物の描き方』（東京大学出版会）、『雑草が面白い』（新樹社）ほか多数。

テントウムシの島めぐり ― ゲッチョ先生の楽園昆虫記

2015年8月10日　初版第1刷

著　者　盛口 満
発行者　上條 宰

発行所　株式会社 地人書館
〒162-0835　東京都新宿区中町15
電話　03-3235-4422　FAX　03-3235-8984
郵便振替　00160-6-1532
URL　http://www.chijinshokan.co.jp/
e-mail　chijinshokan@nifty.com
編集制作　畠山泰英（キウイラボ）
印刷所　モリモト印刷
製本所　イマヰ製本

ISBN978-4-8052-0890-8 C0045